刘新煌 著

一路开挂

职场小白
升职加薪密码

中华工商联合出版社

图书在版编目（CIP）数据

一路开挂：职场小白升职加薪密码 / 刘新煌著.
北京：中华工商联合出版社，2024.9.—ISBN 978-7
-5158-4087-1

Ⅰ．B848.4-49

中国国家版本馆CIP数据核字第2024KM9130号

一路开挂：职场小白升职加薪密码

作　　者：	刘新煌
出 品 人：	刘　刚
责任编辑：	胡小英
装帧设计：	尚世视觉
责任审读：	付德华
责任印制：	陈德松
出版发行：	中华工商联合出版社有限责任公司
印　　刷：	三河市华润印刷有限公司
版　　次：	2024年9月第1版
印　　次：	2024年9月第1次印刷
开　　本：	710mm×1020mm　1/16
字　　数：	165千字
印　　张：	14
书　　号：	ISBN 978-7-5158-4087-1
定　　价：	58.00 元

服务热线：010－58301130－0（前台）

销售热线：010－58302977（网店部）
　　　　　010－58302166（门店部）
　　　　　010－58302837（馆配部、新媒体部）
　　　　　010－58302813（团购部）

地址邮编：北京市西城区西环广场 A 座
　　　　　19—20层，100044

http://www.chgslcbs.cn

投稿热线：010－58302907（总编室）

投稿邮箱：1621239583@qq.com

工商联版图书
版权所有　侵权必究

凡本社图书出现印装质量问题，请与印务部联系。

联系电话：010－58302915

前 言
PREFACE

但凡有过几年工作经历的人，都会见到这样一些现象：有带着优秀光环进入职场的人泯然于众，也有看似普通的人进入职场后却如鱼得水；有人上班很开心，也有人上班度日如年；有人面对问题喜欢一次又一次发脾气，有人却在问题面前坦然处之并且想办法一个一个解决；有人一天可以干完别人三天的活，有人三天也干不完别人一天的活；有人在升职加薪的路上越走越顺，也有人在工作的岗位上天天挨领导批评，甚至一次次被公司劝退……

为什么？

因为有人聪明有人笨吗？

不是。

最大的问题，其实是对职场生态太过陌生。他们走上工作岗位，就仿佛走进了茫茫森林，做错几件事，又或是遭遇几次批评后，瞬间就迷失了。

开始，他们可能还会像无头苍蝇般乱飞乱撞，努力后依旧无法突围，然后就失去信心了，出现脾气大、心力交瘁、自暴自弃等各种各样的问题。

当然，最后被伤害的只能是自己，是自己的职业前途。

问题到底出在哪儿？

一是不了解职场生态。许多人虽然上班了，有工作岗位，但却找不到自己在职场生态中的位置。很多人根本分不清自己与同事、与客户、与外部竞争企业人员的关系；他们也弄不清自己所在的公司在行业里是个什么情况；他们甚至连公司对人才的需求是什么都不知道。试问，就这样一个人，能抓得住工作重点吗？能不犯错误挨批评吗！

二是不懂得工作方法。我们经常听到一句话，工作是需要动脑筋的。什么意思呢？简而言之，就是要围绕工作主动思考和学习，不断提升工作效率和质量。试想一下，一个只知道埋头苦干的人，是不是就只适合当"苦力"呢？企业的老板，又或是决策层领导，会提拔一位只会干苦力的人去带团队吗？这样的人，工作能有获得感、幸福感吗？

三是不清楚发展方向。常言道：方向不对，努力白费。我们身处职场，一定要有明确并且非常正确的发展方向和目标。说得再详细一些，就是既要有方向和目标，又要有路径，还要有切实可行的实现目标的举措。其实就是要懂得做一份非常详细的职业规划，并且要在实施过程中不断进行动态优化。

……

作为上班族中的一员，我感觉自己非常幸运。

曾经，我也怀揣梦想走上工作岗位，投身多个行业，干过各式工作，见识过形形色色的老板和管理人员，内心亦曾多次迷惘和深感无助。但我是幸运的，因为我遇到了很多良师益友，他们指点我一步步走出困境，带着满满的正能量，带着满满的内心动力，快乐地朝着自我的职业理想出发。

作为一个师范专业毕业并且教过学生的人，面对很多职场失意的人，我又深感惋惜和遗憾。

我深感遗憾的是，一个人步入职场，其实非常需要学习，特别是需要非常系统地学习。可是，我从来没有见过哪里有这样的教学机构，哪里有系统的培训教材。

于是，我鼓起勇气写下这本书，希望能把自己的经验和感悟分享给读到此书的人。虽然，书中内容难免存在见识浅薄的问题，可如果能够抛砖引玉，那也值得欣慰了。

祝愿每一位读者，都能在今后的工作中闪光，在岗位上展现出自我的才华，在快乐中实现自我的职业理想。

刘新煌

目 录
CONTENTS

第一部分
认识职场，你的境界在哪个层次？

第一章　敞开胸怀，别让狭隘卡死自己的职业前途　　003
  第一节　亲人还是对手？看待同事的眼光决定个人成败　　004
  第二节　同行未必是对手，更多是合纵连横的朋友　　013
  第三节　客户不一定是上帝，但一定是我们的衣食父母　　022

第二章　经营自己，别让短视溺死个人的远大理想　　030
  第一节　登高望远，关注自己的战场和战局　　031
  第二节　超越自己，在"岗位核心技能"上起跑　　038
  第三节　积累核心资源，蓄足个人发展的能量　　044

第二部分
职业规划，打一场"有筹谋"的持久战！

第三章　先绘"草图"，筑牢不败之基　　053

第一节	找准坐标点，以点连线绘"草图"	054
第二节	自我经营，更好的未来属于更好的自己	063
第三节	以专长和专业，打破被淘汰的周期率	074

第四章　再绘"蓝图"，力争步步领先　080

第一节	弄通规律做规划，立足全局谋"一域"	080
第二节	解剖"竞争"，从胜利走向胜利	088
第三节	千锤百炼，成功源于烈火淬炼	102

第三部分
优秀员工，如何在短时间炼成？

第五章　尽职尽责：优秀员工的三大能力素养　115

第一节	执行能力，失败的唯一理由是自己不够优秀	116
第二节	学习能力，经验是收获也是魔鬼	133
第三节	创新能力，步入优秀员工行列的最强驱动	143

第四部分
升职加薪，如何做到一路开挂？

第六章　你值多少"钱"，不能让上司用"感觉"衡量　153

第一节	工作业绩"说话"，你就是下一个升职加薪者	154
第二节	主动推着上司走，你有无数升职加薪的理由	160
第三节	资源积淀有多厚，个人能力就有多强	168

第七章 在协作和竞争中，让同事给你"神助攻"   174

   第一节 爱岗敬业，同事除了有雪亮的眼睛，还有评说的嘴   175

   第二节 在团队中有了影响力，"转正"只是时间问题   181

   第三节 凝聚人心，先让老板和同事挣更多钱   190

第八章 奇货可居，才能把自己卖个"好价钱"   195

   第一节 企业痛点在哪里，你的机会就在哪里   196

   第二节 营销"破圈"，"好价钱"是"卖"出来的   201

   第三节 再多的钱，也买不到自我"热爱"   207

第一部分
认识职场，你的境界在哪个层次？

步入职场，必须懂得工作的另一种表达，就是处理好个人与同事、同行、顾客的关系。在这个圈子，自己永远是最大的"资本"和"收益"载体，其他都是平台和资源。一个连自己都认识不清、定位不准、经营不好的人，没有人敢相信你能把项目运营好、把部门管理好、把企业经营好！

2006年，我任某经济信息报周刊执行副主编没多久，拜访D医药上市公司董事局主席。聊到企业运营，他说了两句让我受用无穷的话：

"用人不疑，疑人善用。"

"企业家是讲境界的！"

转眼之间，近二十年了。这些年里，我做过许多不同类型的项目，辗转于上海、深圳等地，也深入过传媒、地产、文旅、珠宝、农业等诸多行业。我发现不管是带领团队一线冲杀，还是身处幕后统筹谋划，始终绕不开的就是：识人用人，个人境界的修炼！

第一章　敞开胸怀，别让狭隘卡死自己的职业前途

"我明明更优秀，凭什么升职加薪的不是我？她与上司肯定有什么见不得人的关系。"

"他们公司是我们公司的竞争对手，想与我们合作，肯定想图谋不轨。"

"做生意，就是想尽办法把顾客的钱从荷包里掏出来，然后笑眯眯地装进自己口袋。"

猜忌、畏惧、欺骗！

对不起！

如果你只是在心里想想，那么，你已经成功晋级为团队里的"癌细胞"。如果你开始向朋友和同事吐槽，兜售你的歪理，那就进入扩散阶段，任何企业和团队都会急着把你驱逐。

你可以反驳：这不公平！

恭喜你，答对了。

职场不是天平，称不出你要的公平；职场不是法庭，要不回你的公道。职场更不是你家，任你随心所欲……

职场是战场，上司所做的战略部署和安排，自会向更大的上司汇报，没必要也不能让所有人知道。一场胜仗打下来，该怎么论功行赏，他们心中有数。至于你说的不公，对错，归更大的上司评判。

职场是战场，只有共同利益，没有永远的敌人。企业与企业合作，看的是利益，是优势整合，求的是"1+1>2"的竞争力。企业需要的是规避合作风险的办法，不是猜忌。

职场是战场，但顾客不是敌人。恰恰相反，顾客是企业的大后方，是企业战胜敌人最大的支持者和拥护者。以欺骗手段谋取顾客钱财，绝不是聪明，而是把企业甚至自己送上"断头台"。

一个人，要在职场混得风生水起，必须认识职场，厘清职场关系。否则，永远只能是"门外汉"。

试问，竞争的世界，还有什么比"门外汉"输得更惨、死得更理所当然呢？

第一节　亲人还是对手？看待同事的眼光决定个人成败

不管在生活还是工作中，你可能经常会听到四个词：同学、战友、亲戚、朋友。每当说起这四个词，脸上总会浮现出笑容，一种信赖、放松、令人浑身舒畅的笑容。

说到同事，笑容则少了，甚至瞬间变成僵尸脸。

为什么？

因为，你又成功错了一把，而且错得很离谱。你把自己在同事中的定位搞错了。你对职场的认知偏了，把自己的前途坑没了。

你可以反驳：大部分人都这样！

恭喜你，又答对了。

所以，你这辈子，注定只能与大部分人一样，在升职加薪的十字路口，望穿秋水。

一、赢得同事，才能长出职场根系

"刘总！我想辞职了。公司的氛围好像不太适合我。"2009年夏天的某个早上，我刚进办公室坐下，Y就急匆匆地找到我，说自己想辞职。

我很吃惊。Y是一位刚毕业的大学生，来公司没多久。应聘的时候，他说自己很喜欢策划工作。

他的话引起了我的重视，因为他说到了公司的氛围问题。这对于任何公司来说，都是大事。如果公司团队的氛围出了问题，来个新人就被排挤走，后果非常严重。

"氛围！有人欺负你吗？"我问道。

"我也不知道算不算欺负。我就觉得，他们什么杂事都叫我去干。我觉得自己是来做策划的，又不是送资料跑腿的。我都快来一个星期了，感觉什么东西都没学到。"

"噢！"我点了点头，问他："你与同事们聊过这事吗？"

"没有。"

"为什么不问问他们呢？"

"我也不知道怎么去问。如果是上班时间，大家都在办公室，人多不好问。下班呢？大家都忙着回家，人也不熟，不好问。"

"他们不是经常都搞聚会吗？没叫你？！"

"叫了。可我经常有事，所以就没去参加。"

……

无疑，他撞上初入职场的"新秀墙"了。

1. 问题到底出在哪里

稍有职场经验的人，应该都能发现，最大问题还是出在Y自己身上。稍有管理经验的人，通过这段对话，能发现很多问题。

一是这位新同事，眼中没活，工作缺乏主动性，同时还缺乏助人和做好服务的精神。他刚入职，处于熟悉公司环境和工作的阶段，确实没有多少具体事务。同事让他帮忙跑跑腿，他觉得不是自己的分内之事，内心抗拒。这是宁可休息也不愿多干活的表现。

二是这位同事缺乏主动学习的精神，抓不住重点。同事让他送的资料，那都是大家工作的成果和正在推进的项目，是最好的学习资料，也是最快熟悉工作的方式，他并没有抓住机会去学习。

三是这位同事不善于沟通，缺乏主动团结同事的意识和能力。同事让他帮忙送资料，其实是他熟悉同事和搞好同事关系最快的方式。显然，他没有充分利用这个机会。

四是这位新同事对这份工作的重视程度不够。自己明明已经遇到问题，或者说心中已经有了疑惑，还是宁可去参加同学聚会，也不愿参加团队聚会。

五是这位新同事内心比较怯弱。遇到问题，需要与同事沟通时显得犹豫不决。而遇到困难时，不会主动想办法解决，而是选择辞职逃避，或是希望他人帮助解决。

六是这位新同事过于急功近利。他刚到公司一个星期，连公司的工作都还没弄清楚，就觉得学不到东西。

……

如果继续展开，他身上可能还存在气量小、不能吃亏、自命不凡等诸多方面的问题。

2. 职场新人需要明白的道理

关于刚入职的新人，我们经常听到这样一些话：

"小白""空降""强龙压不过地头蛇""嫡系……"

归根结底，其实就两个字——根系！

一个人初入职场，进入一个新的团队，就等于一次"扦插式"栽种。

刚扦插时，没有任何根系，难以吸收养分。如果自己不能快速适应土壤，长出根系，那就只有等待干枯死亡，甚至连试用期都过不了。所以，我们能否在职场活下来，全靠"根系"。

事实上，同事就是我们的根系，同事的认可和支持就是我们的养分。

根系越发达，吸收养分越多，我们就越能站稳脚跟，并逐渐枝繁叶茂。

3. 职场小启示

特别提醒，对于刚刚步入职场或进入一家新公司的人来说，一定要高度重视同事，想办法赢得同事的认可、支持和帮助，那样才可能在公司留下来，直至发展越来越好。

二、团结同事，才能筑牢发展根基

2005年，由于项目合作需要，我到一家会展公司任营销副总。进入公司的第一天，老板召集大家开见面会。回到他办公室后，他对我说："看到刚才那个穿蓝色西装的小伙子了吗？给大家倒水那个。我亲自招聘的，你看能不能好好培养一下？"

老板亲自打了招呼，我自然关照。回到办公室，立马就让人力资源部把他的简历转给我。

小伙子没什么特别，中专毕业。在公司，这样的学历很低，甚至没达到正常招聘门槛。同时，他学的还是机械专业，不算对口。小伙子来自农村，初中是在某乡镇读的，也没有太厉害的背景。

很多人可能都会感到奇怪，这样一个平淡无奇的人，老板为什么要特别强调是他亲自招聘的呢？

几天后，我就发现了这位中专生的不同。

他在公司的人缘特别好。

大办公室里，经常传出这样的声音：

"小安，我今晚有个应酬，是几个农产品公司的销售总监、副总。他们人不错，我带你去认识一下，以后你帮我跟进。"

"小安，来姐这里。我家儿子特别喜欢吃你做的包子，天天问我要。我拿钱给你，你周末要是有时间，再帮我做点吧。"

"小安！谢谢你。我出差一周时间，你把我的花照顾得那么好，姐给你介绍个女朋友吧！"

……

我笑了，觉得此人确实有前途。在工作过程中，也有意进行指导和培养。

项目结束，我去了外地。

2007年的冬天，我从外地回到当初的城市，再次见到小安。

当时，我在茶楼喝茶。他也刚好约了客户在那儿谈事。

谈完后，我们聊了一会儿。

让我感到惊叹的是，短短两年时间，他已经成了公司的副总。

他说遇见老板是件非常幸运的事。当时，他还是一家中专学校的学生，家庭情况不太好，经常外出打临工。有一次，老板办展会需要志愿者，他看到消息后就报名参加了。

展会上，老板看他做事勤快，眼里有活，且每次分配工作和人员，各个工作组都抢着要他，所以就找他谈话，让他毕业后到公司上班。

他还说，公司当年那些人，好些都离开了。

那些同事有的做了产品代理，自己创业当老板。有的去了客户公司……

不过，大家不约而同地都把手上的客户转给了他。好几个前同事，还多次带着手上的品牌，甚至邀约其他品牌一起参加他组织的展会。

1. 原因探究

一是每个老板都很重视团队建设：市场是什么？是关乎企业生死的战场。团队是什么？是冲杀在市场一线的军队，唯有团结一心、相互支持，才能形成强大的凝聚力，在战场上形成战无不胜的"兵势"，为企业创造卓越的业绩。

二是每个团队都渴望和谐因子：一家企业团队文化的优劣，直接关乎团队执行力、战斗力，关乎企业的核心竞争力。优秀企业文化的形成，必须有一个大家信任的"和谐因子"，不怕吃亏、乐于助人，能感染大家都朝着"企业需要"的方向发展，形成统一的"价值观、道德观、行为准则"等，进而造就出优秀的企业文化。

三是每一种成功都需要同事支撑：对于职场人士来说，企业是我们生存与发展的平台，是我们的"饭碗"。可是，我们很少有人问一句：这个平台，靠什么支撑？靠的就是每一位同事。试想一下，如果同事之间不懂团结，相互攻击，最终倒塌的是什么？是一根无关紧要的柱子吗？不，是整个平台。平台没了，何来发展呢？正所谓：相互拆台，大家垮台。

2. 需要明白的道理

身处企业，我们必须深刻认识到企业是每个员工生存的平台，唯有企业发展好了，员工才可能发展好。一家不断亏损的企业，不可能给员工提供越来越好的福利薪酬。

同时，我们还必须认识到企业之间的竞争，一定是团队所拥有的能力、技术和资源等竞争的结果，绝不是个人英雄主义能够产生的效果。这也是企业所以对团队工作进行流程分工最重要的原因。

因此，从个人角度说，只有顺应这样的大势，真正成为一个能够在工作和生活中团结同事的人，才能扎根在一个紧密协作的团队中，才可能拥有最牢固的发展根基。

3. 职场小启示

一个人在工作岗位上站稳脚跟后，必须要懂得大局为重，主动在团结同事上下功夫。要做一个懂得团队发展目标，有团队荣誉感，能够团结同事一起朝着目标努力的人。

三、融入团队的能力修炼

融入团队是一种能力，一种职业素养。

这种能力和素养不是演戏，它是一个人真正认识和理解职场后，从内心深处得到的结果。

1. 同事是谁

同事是每天陪你时间最多的人，如果把睡觉时间去掉，就是这辈子陪伴你时间最长的人。

同事是真正与你一起同甘共苦，一起争取幸福生活的人。如果非要加一个期限，可能是一辈子。

同事是真正有能力推你一把，助你升职加薪，助你成为精英，实现人生价值和理想的人。

同事是你驰骋职场，必须把后背交给他的人。当你遇到危险，搭把手，可能救你一命的人。

同事是谁？同事，就是你这辈子哭着、求着、跪着也该把关系处好的人。

2. 能力修炼

地势坤，君子以厚德载物；天行健，君子以自强不息。

简单理解，团结同事的人，必须具备两个条件：一是品德高尚，能够不计得失帮助人；二是自强不息，能够带领大家战胜各种困难。

（1）人品及修炼方法

关于人品的修炼，个人认为，《易经·乾卦·文言》中的"四德"，最具启发价值。即："元者，善之长也；亨者，嘉之会也；利者，义之和也；贞者，事之干也。"

反观今天的职场，可理解为四个步骤：

第一步：在与同事相处时，我们要能够做到真心实意去帮助别人，不必太在意个人得失，更不要以此来踩低别人，突显自己的才华和能力。若非求助，尽量选择私下里帮助，那样，大家就会相处融洽。

第二步：在相处融洽后，我们还要保持有礼有节，尊重他人。正所谓"君子和而不同"。如此，大家就会相处快乐，营造出良好的内部工作氛围，开创出更好的发展局面，获得满满的收益。

第三步：在收益面前，我们要能够做到信义为先，利益共享（不管是同事还是合作伙伴，乃至客户）。如此，就能开创出和谐稳定的发展局面。

第四步：坚守这样的理念，持之以恒，干成一番伟大的事业。

（2）自强的力量

"君子以自强不息"告诉我们，一个受人尊重的人（亦可理解为上司），必须目标坚定，自强不息。

《西游记》的故事让我们看到：唐僧西天取经之所以能够成功，一是拥有不畏艰险的意志，在九九八十一难面前，从未退缩。二是拥有超强的管理才能，孙悟空、猪八戒、沙和尚，一个个"惹事精"在他面前，都成了左膀右臂。

作为职场中的一员，如果我们能够咬紧目标，自强不息，顽强拼搏，就能像唐僧一样，不断凝聚跟随者，开创一番伟大的事业。

3. 职场小启示

同事不是外人，是亲人。虽然，同事之间也存在竞争，但那样的竞争一定要是良性竞争，是每个人都能得到快速进步的竞争。

一个优秀的团队，团队中的每一个人都会有荣誉，都会得到其他人的认可与尊重。

一个优秀的团队，团队创造的业绩一定是"1+1>2"的成效。

反之，如果我们把同事仅仅当作竞争对手，处处防着同事，那就是心胸过于狭隘的表现。

试问，一个连团队都不愿融入的人，又怎么可能得到团队的支持呢？一个单打独斗的人，又怎么可能逃过"双拳难敌四手"的命运呢？

第二节　同行未必是对手，更多是合纵连横的朋友

"那家伙上次就抢了我们的客户，太坏了。这次居然找我们合作，简直就是做梦！"

"他们是我们的对手，与他们合作，就是与虎谋皮，傻子才干！"

许多年前，我们经常听到这样的声音。现在，这种声音已经越来越少，甚至绝迹了。

为什么呢？

说这种话的企业，多半活不到现在。

说这种话的人，多半已经被淘汰了。

公元前221年，秦国灭齐国，统一六国，结束了战国七雄的纷乱。秦国所以能够席卷天下，势如破竹，最重要的策略之一，就是"远交近攻"，先和距离远的国家交好，然后干掉最近的国家，再然后……

市场是战场，企业间的竞争形如军争，交与攻，随时反转。

与战争所不同的是，企业间的竞争还并非一对一单挑，又或一对二、

二对三的群架。

市场上同质化的企业数量之多，关系的复杂程度远比"战国七雄"更乱。

最关键的是，决定战争胜负的往往不是敌对双方，而是拿着棒棒糖在旁边偷乐的"客户"。算不准的是，客户身后，还有一只甚至数只虎视眈眈的"黄雀"。

合纵连横，是争霸强国之道！

合纵连横，是抢滩市场高点的强企之道！

合纵连横，同样是个人不断强大之道。

我们只有懂得合纵连横，主动努力去合纵连横，在自身优势上整合更多优势资源，带领大家成就个人成就不了的事业，开创个人所开创不了的局面，才能站在巨人的肩膀上，一步步成就企业，并在成就企业的基础上成就个人的人生，更好实现自我的人生价值。

一、合纵连横，行业入门

经常有人会混淆两个概念：入职和入行。

大家会因为进入某家行业企业，就以为自己进入了某个行业。其实，这是个严重影响自我判断和发展的误解。

先讲一个我看过的故事：

一个在皇宫御膳房干了几十年的老人退休回家，许多大酒楼争着请他当主厨，最后，一家非常知名的酒楼花高薪拿下。

老板很开心，问老人："你在御膳房，给皇帝做哪些菜肴呢？"

老人说："我没做过菜肴，就做包子。"

老板想了想，又说："做包子也行啊！只要你把皇帝吃的包子做出来，我们肯定也能门庭若市。"

老人说："我做不出来。"

老板急了，又问："你在御膳房，能给皇帝做包子，为什么到我这里就做不出来呢？"

老人摇了摇头说："不是这样的。御膳房里做包子的人很多，大家各自负责不同的工作。有人揉面、有人做馅、有人蒸包子……我负责的是切葱花！"

老板听罢当即晕倒！

很多人看来，这只是个笑话。

可是，将这个笑话放到我们今天的职场，却足以引人深思。

老人专业吗？从业几十年，如果是在切葱花方面，不仅专业，而且技艺肯定非常精湛。

酒楼老板为什么晕倒呢？因为，他花了很多钱，"买"到的不仅不是自己想象中的"摇钱树"，甚至连做一个正常的菜、做一个正常的包子都做不了，可谓亏得血本无归。

这个御膳房退休老人对于老板的需求来说，就是个完全没有入门的人。

合纵连横，行业入门。

这句话有几层意思：

一是我们进入企业后，要快速入行。这就要求我们不能只做一个懂得切葱花的人，一定要做一个会生产包子的人，要懂得选料、和面、做馅、包包子、蒸包子和卖包子。我们只有懂得流程的各个环节，才算得上基本了解这个行业。

二是今天的企业，分工越来越细，只有懂得合纵连横、分工协作，充分整合并合理调配资源，才可能在激烈的市场竞争中取得胜利。

这就像御膳房出品的菜肴，之所以能够受到世人的追捧，那是因为它们在各个制作环节上都有大厨精湛的技艺做支撑。

合纵连横，就是要通过合作的方式提升产品技术支撑能力，进一步打造更具市场竞争优势的产品。

三是我们要始终坚持高质量发展的导向，不断创新创造。

公司要实现健康快速发展，成为行业领先的企业，除了要拥有自己的核心竞争优势外，还必须整合同行甚至是其他行业的资源优势。

这就要求我们必须掌握和运用"合纵连横"的方式方法，并在此基础上不断创新创造。

合纵连横，行业入门，是我们走上经营管理岗位的前提，如果我们有志于成为公司的经营管理层人员，就必须正确认识、了解同行，懂得合纵连横的方式方法。

二、行业好人脉，发展自然快

很多年前，我有一位做老年产品的朋友，一直找不到满意的策划师。在企业招聘的时候，请我帮忙。

那天，来了这样一个人：

他四十多岁的模样，胖胖的身材，大胡须，穿一件黑色对襟衫，前襟还绣着一条火红色的龙，脖子上挂个相机，戴一副民国风的圆眼镜，后脑勺上绑着一个小辫子。

他在我对面坐下时，有些忐忑。

我翻看了他的简历。

他毕业于H大学中文系，在报纸上发表过几篇豆腐干文章，毕业后一直在L国有企业做内刊，也策划过一些单位的庆典活动。

几年前，企业效益不好，内刊取消，他也跟着下岗了，还离了婚。

他有个5岁多的女儿，跟着前妻生活。

他的简历中夹了一些摄影照片，都是发表在网上摄影栏目的，谈不上多高的艺术造诣，只能算是比一般人好些。

看完他的简历，我问了一句："你真心想要这份工作吗？"

"我希望能得到这份工作！"他想了想，认真地回答。

"可你这一份工作不够啊？"

我的话让他有些发蒙。

我笑了笑，继续道："这样吧。我给你安排一份半工作，一份做策划，半份做销售。但是，你得花2份工作的时间。你白天要做的事，就是拿着相机去给老年人免费照相，和他们聊天，晚上回家做产品销售策划。当然，你花的钱，从那半分工资出。还有，销售另有提成，一分不少。你觉得如何？"

"可以！"他几乎没有想就接受了。

……

三个多月后，我接到那家公司老板的电话，说有人要请我吃饭。

吃饭时，老板介绍说，就在前一个月，我面试的中年男人已经成了公司的销售冠军。

说到招聘那天的事，他说自己从来没有碰到过那样的情况，他甚至没有想到自己会应聘成功。

我告诉他，从他的装扮和简历，我看到了几样东西：

一是他的生活状况，非常需要一份稳定的工作，而且，生活会逼迫他去努力工作。

二是他有照相的专长，是老年人很喜欢的一个点。

三是他做企业内刊，在报纸上发过文章，有一定的文字能力。

至于问题，也有很多：一是他对市场情况不熟悉，对行业也不熟悉；二是他下岗后，工作很不顺利，产生了很强的挫败感，不利于工作。所以必须要深入一线接触客户，真正了解客户的需求。同时，还要去接触行业里的其他人，了解竞争对手们都在使用什么样的销售策略。

考虑到他的年龄和实际困难，如果只给一份薪水，他根本不可能好好地出去工作，甚至会想尽办法去做兼职赚钱，既影响公司工作，又耽误自身发展，所以采用这样的方式，算是最佳选择。

他说起了自己工作的情况。开始的时候，他去公园找各个老年团体，说免费给他们照相，大家还比较排斥。现在，很多团队出去玩，都打电话给他，邀他照相。当然，他们需要什么东西，都会找他买，有时候还帮他介绍朋友。他现在一个人已经忙不过来了，还在公司发展了几个同事一起干。

比我想象中更好的是，一年后，他还成了那家公司的合伙人。

随着业务做得越来越好，他在行业里的名声也越来越大。几个同行的朋友邀约他代理几款品牌产品，他把老板也一起带上了。

1. 原因探究

一是人脉与机遇同在，人脉就是钱脉。一家企业要发展壮大，最重要的前提是什么？是项目和营销渠道资源。资源从哪里来？人脉。一个人要不断晋升，最重要的前提是什么？是卓越的业绩，业绩从哪里来？人脉。

谁手上的信息和资源最多？谁服务客户的办法好，自然是业内人士，归根结底，还是人脉。

二是人脉与智慧同在，思路决定出路。一个好点子，可能救活一家公司，也可能让公司走上新台阶；一个错误的思路，可能葬送一家公司，让公司万劫不复。而一个人工作，很容易陷入"闭门造车"，所以，很多公司都有"头脑风暴"。然而，"头脑风暴"又何尝不是另一种"闭门造车"。一个新的视角和好点子，很可能，就在你与圈内朋友的碰撞中诞生。

三是人脉与声誉同在，品牌等于宝藏。企业有企业的品牌形象，产品有产品的品牌形象，个人同样有个人的品牌形象。良好的社交圈子，不仅可以让你在交往中快速提升自己的专业能力，还能助你快速提升自己的知名度、美誉度，一步步形成强大的行业影响力和良好声誉。而这些，就是客户信任你，同行找你合作，愿意追随你的基础，是你一生受用的宝藏。

2. 个人发展需要明白的道理

入职是一个人获得了一份工作，获得一个发展的平台。入行才是一个人发展的开始。

入行了，就是一个人能够跳出企业，站在行业角度去发现问题、思考问题和解决问题。

其基础，就是正确认识同行。

同行不是洪水猛兽，他们既是竞争对手又是合作伙伴。

我们从一个又一个行业协会和商会的建立就可以发现，同行的合作其实非常重要。

从个人角度说，我们更要高度重视同行，一步步建立起自己的行业人脉资源库，甚至建立起自己的行业影响力，在助力企业发展的同时，赢得自我发展的广阔空间。

3. 职场小启示

企业之间的竞争，不是单对单的对抗，比的也不是相互间的武力值，而是争夺顾客资源的能力。

如果我们能够在合作中实现"1+1>2"的效果，这样的合作就算成功。

当然，我们也必须在放开心胸合作的同时重视一个原则，就是不能把自己的商业机密暴露在合作企业的面前。

三、合纵连横的能力修炼

合纵连横是一种经营能力，一种赢得竞争的策略。

作为职场中人，不断提升合纵连横的能力，整合和储备合作资源，就是赢得自我发展的根基。

1. 同行是谁

同行是一面镜子，照得越仔细，越能发现自己的弱点和短板，从而帮助你快速找到自我提升的路径和方法。

同行是逼你不断进步最严厉的老师，因为，只要你稍有放松，他就会给你最狠的教训！

同行也可能是你昨天的下属，今天的敌人，明天的上司。

同行，最关键的是，被你打得越惨，反而越尊敬你、崇拜你、越期望与你紧密合作的人。

……

2. 能力修炼

第一步：多约圈内朋友，虚心请教并乐于助人。

若非极度狂妄自大之辈，身处职场，遇上困难是常有的事。此时，不要害怕麻烦朋友。朋友天生就是用来麻烦的，麻烦，是加深友情的重要方式。我们可以准备好晚餐，又或是一杯茶、一杯咖啡，邀约可信赖的老同事、导师、同学等，帮助分析决策。同样，他们遇上困难，也会找我们沟通。

由于大家所处的环境不同，资源不同，礼尚往来，我们将很快形成自己的职场社交圈。

第二步：参加专业社交，认真学习并敢于发言。

不管是什么行业，都有大大小小的行业圈子。比如：行业商（协）会、行业沙龙、聚会等。我们需要积极加入到这些圈子，参加活动，认真倾听大家交流的内容，积极对话。同时，牢记对方的姓名，并留下手机、微信等联系方式，特别是针对那些经验丰富的行业前辈，多拜访、多请教。

如此，我们将很快步入行业社交圈，并逐步在行业里树立起自己的形象。收获，自当满满。

第三步：组织专业活动，结交朋友并扩大影响。

当我们在行业里形成了自己的IP，拥有了良好的资源，那么，就进入了行业圈粉阶段。我们需要做的，就是组织专业的社交活动，快速提升自己在行业里的影响力和声誉。

此时，又怎么会缺人脉呢？

3. 职场小启示

同行不是直面交锋的对手，最多算是在同一片森林里打猎且不同的队伍。相互之间，目的都是取得更大的收获，而不是相互间的你死我活。

因此，同行之间拥有合作的基础，拥有无数的合作契机和广阔的合作空间。

第三节　客户不一定是上帝，但一定是我们的衣食父母

"我是为人民服务，又不是为你一个人服务！"

"顾客是上帝！我认可这句话。不过，我忘了告诉你，我不信仰上帝，我们公司也没人信仰上帝。"

很多年前，因为员工上述的不当言论，导致企业形象大跌，业务一落千丈甚至破产的情况屡屡发生。

稍懂经营的人，都会明白，经营其实就是一个"为顾客提供更有比较优势的服务"过程，是想尽办法赢得顾客忠诚度的过程。

换言之，顾客，就是企业经营的核心。

作为企业的工作人员，一定要懂得高度重视顾客，研究顾客需求，不断提升自我的服务能力和质量。

一、服务搞不好，企业一定倒

20世纪初，汽车行业还处于手工打造阶段，成本非常高、产量低、价格特别昂贵，只有有身份地位的人才买得起。年轻的亨利·福特，觉得这里面隐藏了一个巨大的商业机会——汽车进入中产阶级家庭。于是，他创造了世界上第一条汽车装配流水线，只生产黑色的T型汽车。1908年，他的汽车推出后，大获成功，到1914年，几乎占领了美国一半以上的汽车市场。

T型汽车的成功让福特欣喜若狂，却也因此变得刚愎自用。接下来，他拒绝开发满足顾客更高需求的新产品。20世纪20年代，当通用汽车公司推出更舒适、质量更好、更时髦的雪佛莱汽车后，一举击败了福特的T型汽车。

1927年，福特不得不宣告关闭生产线，T型汽车时代结束。

因为创造性满足了"中产阶级客户"需求，福特T型车大获成功。同样，因为没能满足客户需求的变化，T型车生产线关闭。

大企业如此，小生意同样。

20世纪80年代初，在H小镇，有个年轻人最先做起了杀猪生意。当时，猪肉市场紧俏，加上他能说会道，很快赚得盆满钵满。家里修起了2层楼的小洋房，添置了许多新潮家电，日子过得红红火火。

可是，没过几年，大家发现，去他家肉摊买的肉，都会缺斤少两。

一传十，十传百，他家生意一落千丈。

无奈之下，他改行做家电生意，后来又改做服装生意，可不管他做什么样的生意，只要看到是他或者是他的家人在售卖，大家立马扭头就走。

生意是做不成了，最后，他只能南下广东，成了一名建筑工人。

与他差不多时间杀猪卖肉的屠夫，很多把生意做进了城里的菜市场，甚至在城里买了地，修了大房子。

服务搞不好，企业肯定倒。

往小处说，做生意就是做服务，用我们的真诚去换顾客的忠诚。

往大处说，我们所有的工作，其本质都是在做服务。顾客愿意花更高的价钱购买产品，实则都是在为我们的服务买单。

二、赢得顾客，就是赚取个人发展能量

曾看到过一组统计数据：

顾客"不回头"，有68%的原因是经营者服务太差。

开发1个新顾客的成本，是把产品卖给老顾客的4~20倍。

一个老顾客的满意，能给我们带来3个以上甚至更多的新顾客。

50次媒体广告的传播效果，不如一位顾客的口碑传播。

……

通过这组数据，我想，所有人都能看出，对于任何一家企业来说，顾客都是生存与发展的根本。

没有顾客，企业就没有任何存在的价值和意义。

1. 顾客满意是我们工作无穷尽的追求

近二十年的工作中，我碰到过不少贵人，许多都是很喜欢"挑刺"的客户。

他们原本都是其他同事的顾客，同事跟了一段时间，实在受不了了，才把客户丢给我。

用他们的话说，这些客户都属于"你想要赚他们的钱，他们呢？想的却是要你的命！"

他们一会儿一个主意，天马行空，想到什么就立刻让人调整方案，从来不管别人是不是需要休息，太折磨人了。

自然，这些客户最终都成了我的客户。他们甚至给我推荐了不少新客户，我们合作非常愉快。

原因无他：我就是一个非常耐磨的人。

客户晚上不睡觉，凌晨两三点让修改方案，那我就凌晨三点与他一起工作。

客户有新的想法，那我就想办法尽可能地把他们的想法落地。

……

很多时候，身边的同事看不下去了，问我为什么还能坚持。

我的回答就两句话：

一是顾客也是人，只要他还能够坚持，那我就一定能够坚持。毕竟，掏钱的人都能坚持，我一个赚钱的人还陪不起吗？

二是我把每一个难缠的顾客都当作对自己的磨炼。工作中，我们不能去想顾客有多烦人，那样想的话肯定坚持不下去。我们应该想的是，这么难缠的人如果被我服务好了，那我还有什么人服务不好呢？

也正是因为如此，我的工作得到了他们的高度评价。

他们给我介绍客户，向别人推荐我，说得最多的一句话就是：他是一个真正想干事和能干事的人，工作交给他，让人放心！

2. 赢得顾客需要明白的道理

顾客满意是我们工作无穷尽的追求。

如何理解这句话呢？我们可以问这样两个问题：

一是我们到底在为谁工作？

有人可能会回答在为老板工作，可是，这个回答是错误的。我们只要稍加思考就会发现，真正购买我们服务的人，其实是顾客。老板在整个交易的过程中更像中间商。或者说，老板和我们一样，都只是服务提供者。

二是谁在给我们发薪水？

同样是顾客。

因为，没有顾客购买我们的服务，老板就没有钱，老板能拿什么给我们发薪水呢？

换句话说，如果我们的工作不能让顾客感到满意，他们就不会花钱购买我们的服务，老板也就不会有钱给我们发工资。我们的工作，也就不可能产生任何价值和意义。

如果我们理顺了自己与顾客的关系，我们就应该明白，我们工作的目的就是让顾客满意，顾客满意才是我们工作无穷尽的追求。

3. 职场小启示

作为企业中的一员，我们始终要牢牢记住，企业存在的唯一价值就是为顾客提供优质的服务。

没有优质的服务，顾客就不可能满意，企业也就不可能盈利，企业就会失去生存与发展的根基。

作为企业平台上的员工，必将随着平台的垮塌，树倒猢狲散。

反之，如果我们能够通过自己的服务获得顾客的认可，我们就能凝聚起强大的发展能量。

三、赢得顾客的能力修炼

赢得顾客是每一位企业职员工作价值的体现，不断提升个人服务于顾客的能力水平，是每一位在职人员绝不可以松懈的学习追求。

1. 客户（顾客）是谁

客户是真正愿意为你的劳动支付"薪水"的人，是愿意用自己的血汗钱，助你实现职业理想和人生价值的人。

客户是你工作平台的唯一支撑，一旦失去，翻车的可能不只你的工作，很可能是你的人生。

客户是你所处行业的"宝藏"，是你必须潜心研究、了解透彻，并且不断创造超出其期望值的服务把关系维系好的人。稍加懈怠，对手就会乘虚而入，将其抢走。

……

2. 能力修炼

第一步，珍惜顾客抱怨，提升服务能力。

"我最讨厌那些喜欢抱怨的顾客了，没花几个钱，还总是挑三拣四。你不知道，你想挣他们点钱，他们呢？想要你的命，想把你活活累死！"

随着社会从业人员职业素养的整体提升，今天，我们很多人可能都会意识到这句话的错误。但是，对于这句话的错误程度、危害程度，依旧有很多人没能真正理解。

据相关专业机构调研的数据显示，如果100位顾客选择不再购买我们的产品，仅仅只有4位顾客会抱怨。

这是一个怎样的信号？

如果我们把企业看作一个人，那么，"抱怨"的顾客，就等于一位超级好心的名医，在企业绝症刚刚处于萌芽阶段，就帮助我们发现了企业的病情，让企业免遭更大的疾病危害甚至是死亡的威胁。

换句话说，能够对企业"服务"进行抱怨的人，是每一位企业职工都应该珍惜和感激的人。我们应该捧上一杯热茶，好好听取他们的抱怨，甚至想尽办法深入了解他们还有什么不满意的地方，从而大力改进企业的"服务"。

对于我们每一位从业人员来说，更是如此。因为，不管是顾客、同事、上司还是其他能够抱怨我们的人，他们的每一次抱怨，都是能够让我们工作能力得到提升最直接的指点。

这样的指点，往往是我们的父母，甚至老师、专家都给不到的。

第二步，研究顾客需求，超越顾客期望。

现代营销学之父——菲利普·科特勒在他的《营销管理》中提出一个非常著名的理论：顾客让渡价值。他认为，顾客让渡价值是指顾客总价值与顾客总成本之间的差额。

顾客总价值是指顾客购买某一产品与服务所期望获得到的一组利益，它包括产品价值、服务价值、人员价值和形象价值等。顾客总成本是指顾客为购买某一产品所耗费的时间、精力、体力以及所支付的货币资金等。

"顾客让渡价值"越大的产品，越是顾客优选的对象。

作为职场人士，懂得研究顾客需求，是必备的基本素养，不断深入了解顾客需求，并创新服务模式，不断将服务推向超出顾客期望的境界，就是赢得顾客忠诚度的根本，是确保企业常盛不衰甚至不断成长的内在驱动力。

第三步，建立客服系统，打磨服务技术。

关于"服务"，我们很多人第一时间会想到"客服"、想到"服务生"，甚至觉得服务工作就是最简单的工作，是卑贱工作。这样的想法，非常错误。因为，我们的所有工作，其实都是服务。

在国内电器市场上，有一家非常知名的企业，他们的服务受到全国企业界和消费群体的一致赞扬，甚至成为公司快速崛起壮大的核心竞争力。他们的年度销售额高达2000余亿元，品牌零售量连续多年蝉联全球第一，可以说，真正把顾客变成公司的"营销人员"和"宣传推广人员"。

企业需要高度重视服务，个人呢？同样如此。

职场上，只要我们稍加注意就会发现，但凡销售做得好的人，都特别注意客户关系维护，而且都有一套维系客户关系的方法。但凡升职加薪的人，一定都有自己的特色，有的是工作很有能力，有的是同事关系处得很好，有的是上司关系维护得很好。

我们很多人，瞧不起靠上司关系上位的人。可大家往往忽略了一个非常重要的点：上司为什么提拔他呢？

如果他连上司安排的工作都不上心、不执行，或者做得一塌糊涂，上司会提拔他吗？

所以，一定要高度重视"服务"，用我们的工作，对外服务好顾客，对内服务好上司和同事。

建立客户服务系统，对顾客需求进行分类，有针对性地打磨服务技术，提升服务质量。

如此，我们的"衣食父母"，自然让我们衣食无忧。

3. 职场小启示

"赚钱好比针挑土，用钱犹如水推沙。"

但凡进入企业工作的人，一定要牢记以服务顾客为自我工作的导向，一定要切记，不管自己在什么岗位上，工作的最终目的，都是为了给顾客提供更优质更满意的服务。

第二章

经营自己，别让短视溺死个人的远大理想

"老板说干好了给你升职加薪？这种鬼话你也信。"

"老板太抠门，你看D公司，人家普通员工的薪水比我们经理还高，要不是没地方去，鬼才给他干。"

"公司死不死关我什么事？我已经和老板谈了，要他给我涨一倍工资，不涨立马走人。公司不少重要客户都在我手上，我不相信，他舍得丢。"

……

职场上，我们经常会听到各种关于工资的话题。有人自己干不好，还到处说老板坏话。有人手上积累了一些资源，立马反过来要挟老板加工资。

这叫什么？

叫职渣！这样的人，会有什么结果？

要么迅速被人辞退，要么暂时得到加工资，但很快会被人替代。试问，哪个老板会在自己身边放个"炸药包"呢？

新入职场的人，一定要牢记，职场除了赚钱，还要懂得经营自己，一定要充分借助公司的平台和岗位实践机会，提升自我，磨炼和超越自我。

如此，美好的未来，才能水到渠成。

第一节　登高望远，关注自己的战场和战局

国父孙中山在钱塘观潮时，曾说过这样一句名言：世界潮流浩浩荡荡，顺之则昌，逆之则亡。

梁启超在《李鸿章传》中说：时势造英雄！

翻开大家耳熟能详的各种"财富排行榜"，那些知名的企业家、知名的企业，谁又不是在乘势而为中快速崛起的呢？

步入职场，我们必须懂得登高望远。

登高望远，就是要我们看清行业变化和发展的趋势。

行业发展趋势是行业发展的浪潮，谁能够站在浪潮最前沿，谁就能获得浪潮巨大的推动力。

行业趋势是我们所处的战场和战局，如果我们不能破局而出，必然会"困死局中"。

身处职场，薪水固然重要。但是，如果我们一味盯着眼前的薪水，忘了行业发展浪潮，忘了"诗和远方"，忘了经营自己，必然会被浪潮所淹没，被浪潮拍死在沙滩之上。

一、认清行业发展趋势，从变化中找到发展机遇

家电市场发展了许多年，家家户户都有电器，为什么还有那么多的家

电企业存在呢？

仅仅是因为大家电器坏了，需要更新吗？因为年轻人成家立业，装修新房子需要吗？

当然不是。

最大的原因，在于消费需求发生了变化。

比如：黑白电视机饱和后，彩色电视机兴起。产品更新换代，一直在引导大家的需求升级，电视机厂自然迎来了新的机遇。

再看看手机市场，从大哥大到普通手机，到翻盖手机，到各种各样的智能手机。

消费者其实一直都不缺手机，但手机生产商依旧一次又一次挣到了钱。

......

对于企业来说，所谓行业发展趋势，就是行业市场需求的变化、技术驱动的变化、行业竞争的变化等造就的新的发展环境和商业机遇。

我们知道，中国企业率先推出5G，很快便引发了全世界的高度关注，美国甚至动用一切国际力量进行阻止和打压。

为什么？

因为5G，可以改变社会生活方式，具有颠覆传统产业发展模式的巨大价值和作用。谁能掌握5G的主动权，谁就能更好地赢得时代发展潮流的助力。

企业呢？如何与5G进行深度融合，就是行业的发展趋势之一，就是任何企业都将面临的，蓬勃发展的机遇或生死存亡的挑战。

人工智能技术，同样如此。

行业发展趋势是任何企业和个人都不可违背的发展规律。

行业发展趋势，就是你不好好"关注它"，它就一定会好好"弄死你"，让你被拍死在沙滩上，你还自以为很努力很勤奋。

行业发展趋势，就是企业竞争的重要战场，是行业精英必争之地，是80%职场人士一辈子徘徊在晋升大门之外的"拦路虎"。

行业发展趋势，就是职场"颜如玉和黄金屋"的所在，你不努力探寻，就可能当一辈子"职场单身汉"。

二、把握行业发展趋势，就是抓住职场机会与方向

今天，很多公司都设立了"末位淘汰"考评制度，以此来淘汰公司里不称职的管理人员和不能适应公司发展的员工。

在被淘汰的人员中，很多人表示自己不理解。

他们认为自己一直遵守公司工作纪律，上司安排加班，自己从来不缺席，任劳任怨。

最终的结果却是，他们被淘汰了。

为什么？

排除公司可能出现淘汰机制不合理的因素，最大的问题，还是此人已经跟不上公司发展的步伐。

公司需要"新鲜血液"注入，以此焕发出新的生机。

一个人被淘汰，至少可以证明，这个人对公司来说已经可有可无，此人被淘汰了，公司领导不会心疼。

一个极为简单的道理，如果一个人的造血功能可以满足自身健康，谁会考虑给自己输血呢？

公司进行"末位淘汰"，就好比一年一度的高考，没有学校会把一个

学生平时上课态度好作为录取条件,考试检测的是一个学生对知识掌握的程度。

公司需要的,永远都是那些在公司发展壮大中具有"造血功能"的人,至少也要那种跟得上公司发展步调的人。

一个人要想在团队中脱颖而出,他们不仅要跟上公司发展的步调,而且一定要跟上行业趋势的变化,要在行业变化中找准自己的位置。

1. 跟上发展趋势,就是开拓职场前景

我的一位初中同学,大学学的是机械专业,毕业后,进入一家不景气的国有汽车企业上班。

他在企业待了整整三年,领着微薄的薪水,深感再这样下去,自己的职业生涯可能就要完蛋了。

随后,他毅然决定抛弃"铁饭碗",参加了一场企业招聘会,进入上海某民营小公司。

由于公司老板是行业技术领军人物,公司的发展速度很快。公司拿下了好几家大型汽车企业的订单。他在公司吃苦耐劳,又肯学习,很快成长为公司的技术骨干。一年半后,老板就让他独立主持项目开发工作,收入翻了好几倍。

如今,他已经有了自己的公司,业务拓展到飞机引擎等项目。

为保持自己在行业技术方面的领先地位,每年,他都会多次前往国外参加学习交流活动。

几年前,当初就业的国有企业邀请他回集团担任技术总监职务,他回去了半年时间,给单位带出了一支技术团队后又离开了。

目前,他与原单位形成了长期合作关系。作为公司技术顾问,每年回原单位给技术人员做培训。

行业发展趋势，是企业的"财富宝藏"，跟上行业发展变化的步伐，是企业存活的最低标准。

作为企业的一分子，谁掌握了"宝藏开启"的钥匙，谁就将受到拥戴，拥有广阔的发展空间。

2. 找准行业机会，成就人生机会

企业发展的机会在哪里？在行业发展变化的趋势里！

个人发展的机会在哪里？在企业里，追根究底，同样在行业发展变化的趋势里。

行业发展变化的趋势，不仅是行业企业的命运所系，更是每一位职场人士的命运所系，是企业和个人成长不可违逆的路径。

（1）没有一家公司不需要发展壮大，没有一家公司不喜欢"老员工"与企业共同成长。

对于任何一家企业来说，招聘和培养新员工产生的直接和间接成本都是一笔巨额的支出。磨合期内，还可能出现各种情况与风险。

因此，企业的"老员工"如果能够在自身岗位上紧跟行业发展脚步，突显个人潜力，做出业绩，就一定有升职加薪的机会！

（2）英雄造时势，机会可以自我创造。

说"英雄造时势"，可能有些过分夸大了个人的能量，但是，我们的身边并不缺乏以一己之力扭转乾坤的例子，一项核心技术救活一家公司、一个营销策略赢得大批客户的案例，比比皆是。

熟悉行业发展趋势，我们就有了创新创造的基础：

2009年，我曾在某幼教机构做高管，提出发展连锁加盟业务，并组织实施标准化建设，启动整合发展模式，仅2009年一年，集团就从7家幼教机构发展为21家，成为当地最大的幼教机构。

2012年，受朋友邀请，我曾主持一个景区楼盘的销售运营工作。此楼盘已经销售3年，邀请过多家知名机构做运营，营销费用花掉近5000万元，结果仅仅成交2单。

我接手后，仅用6万元的营销费用，6个月时间，楼盘全部售罄。

为什么会这样呢？

其实，我就只干了一件事，那就是以产品为核心，对行业市场和消费者进行调研分析，找准机会和策略，果断出手。

这两个项目的成功实施，在区域内产生了较好的影响，受到行业里不少企业的关注。

在接下来的几年时间里，我经常接到房产公司和幼教机构的电话，邀我加入。但因个人手上有其他工作，遗憾最终未能成行。

三、摸准行业趋势，创新掘金模式

翻开各种项目可行性研究报告，我们都能看到对行业发展趋势的主要因素分析，如：国家的产业政策、技术变革、消费习惯等。这些相关资料，几乎唾手可得。

因此，单从把握行业趋势来说，其实并不困难。

此时有人可能会发问：了解行业发展趋势就能开启"财富宝藏"吗？

答案显然是不能。

不然，我们天天看新闻联播和关注政府文件的人，一个个不都成为亿万富豪了吗？

不过，我们必须注意到，亿万富豪确实时刻都在关注行业发展的趋势。

一句名言：一千个观众眼中就有一千个哈姆雷特！其实，这句话中，数量并不是关键点，关键的是：我们必须找到属于自己的"哈姆雷特"。

其核心，就是"摸准行业趋势的穴位和创新模式"。

譬如"把握产业政策导向"，大家通常的理解是：政府鼓励大家干什么，我们就顺着去干什么。

如果我们的理解仅仅限于这个层次，那么，对不起，下一个"羊肉没吃到还惹了一身骚"的人可能就是你。

我曾有这样一位导师，算是我职业生涯最重要的导师了。

他曾干过这样一些事：某年，因为一些问题，政府拟对D行业进行调控。当时，这个行业里的企业几乎都战战兢兢，纷纷寻求转型甚至匆匆抽身，转投其他行业。

他呢？

面对这样的情况，反其道而行，几乎调动了集团所有的可用资金，直接在这个行业砸下20多亿元，低价收购了很多企业，一举成为这个行业里全国最大的企业。

此时，令人意想不到的事情发生了。

他完成收购后不久，这个行业的产品价格大幅上升，短短两年时间，这些企业给他带来的收益高达60多亿元。

此时，很多投资人看到这个行业挣钱，纷纷加入其中。

他呢？迅速把手上的企业全部分拆，高价卖掉，又挣入大笔利润。

一年后，调控政策真的出台了，很多企业倒闭。

同样是他，2000年左右，他意识到房地产行业将迎来井喷期。他没有

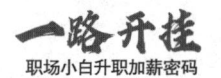

像大家一样,匆匆投身开发商行列,而是通过多种方式囤积土地。然后,以土地入股的方式,与国内知名开发商合作,获得了远远超出一般开发商的回报。

对于拥有实力的企业家来说,面对行业发展趋势和变化,可以找到多种发展机会和模式。

对于个人来说,同样如此。

关注行业发展变化趋势,机会无处不在。职场掘金,我们所缺的,往往只是一个适合自己的模式。

第二节 超越自己,在"岗位核心技能"上起跑

许多年前,我曾在X协会工作,任办公室主任职务。有一天,来了一位企业家会员,和我聊起他们公司的近况。

他说,公司最近出了点问题,营销总监和策划总监总喜欢互掐,两人都瞧不上对方的工作,还总是向他抱怨。

营销总监经常对他说,策划部出的方案和促销策略都不好,做的宣传海报也不行,做事还拖拖拉拉,一无是处。

策划总监则说营销部不行,策划的营销方案,理解和执行都不到位,每次要物料总是不提前安排,等等。

他还说,这两人都是从他创业开始就一直跟着他的,已经共事10多年了,也不能把他们撤了。现在,看到他们俩就头痛得要命,公司业绩也变得很糟糕。

问题出在哪里？

在我看来，问题出在营销总监和策划总监的目光上。公司业绩出了问题，他们不好好想办法提升，反而把目光盯在了别人的岗位上，一叶障目，推诿扯皮。

我给这位企业家出了个主意，给两人调换岗位。

一个月后，那位老板给我打来了电话。

他很开心地说，两位总监都找他了，说要回到以前的岗位，问我现在该怎么办。我说，那你就请他俩聚个餐，当面聊聊一个月来的工作体会。

老板和他们聚餐那天，把我也请去了。

餐桌上，策划总监说，他去陪了几次客户，由于应酬经验少，每次都喝得在床上躺好几天，现在想到应酬就害怕。

营销总监则说，他每天都对着一大堆文案、策划会、海报、物料采买分发等事宜，一个头两个大，再这样下去，头发估计都要掉光了。

经过此次岗位调换事件，三人的感情明显增进了不少。

他们开始像从前一样聚餐，共同面对公司出现的问题，一起想办法。公司的业绩很快得到了提高。

在我们的工作中，经常会遇到一些人，他们从来不把目光盯在自己的工作岗位上，总是觉得别人的工作很轻松，不配合自己。就像上述案例，如果他们三人不是创业之初就在一起，很可能的结果是二人被撤，三败俱伤。

一、认识"岗位核心技能"与"起跑"的内涵

什么是岗位核心技能？

简而言之，是完成岗位工作所需要的知识和技能，更是行业里涌现的可利用的新技术，是一个人工作的综合素质的集中体现。

所谓"在岗位核心技能上起跑"，就是要不断提升自我的能力，一步步把工作干到"无可替代"，干到行业领先。

这个过程，就是起跑的过程。具体而言，包括以下几个方面：

一是在工作本领方面：必须掌握自身所在岗位需要干的每项工作，掌握高质量完成每项工作所需的先进知识和技能，不断学习和改进工作方法，提升工作效率，做到无可替代。

二是在内部对接方面：必须掌握与岗位相关工作部门高质量沟通的技巧，不断改进提升，做到"无缝对接"，确保工作高质量完成。

三是在对外协作方面：必须掌握与岗位工作相关的，与外部公司高质量协作的技能，不断改进提升，推动高质量协作，不断为公司和个人赢得良好的口碑和声誉。

二、岗位核心技能：自我经营必须闯过的关卡

一个人的职业生涯，就好比一场马拉松，每个站点领先，都有丰厚奖品。

身处职场，我们必须懂得，自己职业生涯最大的敌人，其实并非来自竞争对手，更多是我们自己。

战胜自己，远比战胜对手困难许多。

比如：在唾手可得的金钱面前，我们有许多人，就会一次次偏离航向，步入被金钱奴役的行列。在一次次的困难面前，又有许多人丧失了进取心。殊不知，我们的每一个进步，就在每一次战胜困难的过程中获得的。

岗位核心技能就是职场人士的硬功夫，是每个人必须一步一步过关斩将的能力。

1. 岗位核心技能是引起高层关注的明灯

我有一位同学，毕业后，进入深圳一家拥有6000多名员工的企业上班。开始的时候，他只是公司企划部的一名小职员。让所有人没想到的是，仅仅过了10个月，他就升任为公司营销总经理助理。

他之所以能在短时间内得到快速提升，最重要的就是他写得一手好软文。

当时，公司电子商务部刚成立，需要很多营销宣传的软文。这位同学作为企划部人员，每周都要写上几篇推介文稿。他的文章，阅读量很高，营销总经理自然关注到了他。然后，把他调到身边，专门负责电商部的文案写作。

这位同学没有因此而洋洋自得，相反，他报名学了速记，还报了某高校营销专业的函授班。

营销总经理觉得他是一个可造之才，也开始有意对他进行培养。

开始，营销总经理只是叫他作为记录员，参加公司的各种会议。慢慢地，营销总经理又让他写会议发言稿、营销分析报告等。

就这样，这位同学很快升任营销总经理助理，成为该公司成长最快的员工。在年底的员工大会上，董事长在讲话中专门表扬了他，给他颁了优秀员工奖。

作为职场人士，我们必须懂得，公司每个部门和岗位的设立，都有其不可替代的价值和作用。

公司高层随时都会关注部门功能的发挥情况。一个人的工作成效显著，必然会进入公司高层的视野，引起公司高层的持续关注。

2. 岗位核心技能是赢得同事尊重的硬件

企业团队是以"完成工作"为目的而组建的，一个人完成工作的能力，直接关系到团队的业绩。

一个人要在团队中生存，必须拥有完成"岗位核心工作"的能力。

一个人完成工作水平的高低，完成工作的质量、态度，又直接关系到团队的和谐发展，关系到个人能否赢得同事认可和尊重。

作为一个经常跑不同公司的人，我对"岗位核心工作能力"的价值，有着切身体会。

我每次进入一家新的公司，上司和同事都会把一些工作交到我的手上。我也会根据工作的轻重缓急进行分类，并找相关同事了解情况，尽可能高效率高品质地完成任务。

随着时间的推移，公司很多同事，也都愿意和我一起做事。工作中，遇上一些难以解决的问题，也喜欢征求我的意见，大家在交流中相互提升。

慢慢地，上级有什么重要工作，也会叮嘱由我去完成。

有付出就有回报，当个人的能力得到同事和上司的认可后，自然能够赢得大家的尊重。不管是在年底的评优中，还是在竞聘上岗方面，都会得到大家更多的支持。

3. 岗位核心技能是同行认可的理由

我在S珠宝公司的时候，公司里有一位颇具行业影响力的"人物"——公司的技术总监，他是很多公司争抢的对象。

这位技术总监有一项非常出名的技能，就是只要自己看过一眼的"新品"，不管做工有多复杂，他回过头，不要任何设计图纸，很快就能做出来，甚至还能做得比原创更好。

无独有偶，我在与一家房产公司合作时，认识一位总经理，也是行业里颇具名气的精英。

他以前是负责技术的，他独特的能力是，只要看一眼设计图，整个建筑所有用料情况，立马就能心算出来。

同样，他也是行业里争抢的对象，后来与我合作的房产公司老板给了他股份和总经理职位，他才留在了公司。

任何一家企业的高管，我们只要稍加关注，他们在"岗位核心技能"上，其实都有不错的"业绩"。在行业里，都有着自己的影响力。

换言之，一个人步入职场，要想获得高层认可、行业认可，我们必须在"岗位核心技能"上下足功夫。一旦个人在行业里做到了"出类拔萃"，做出足以令人信服的业绩，何愁没有匹配的岗位？

三、岗位核心技能：一条勇往直前的攀登之路

在网上，经常看到网友吐槽：

D知名大型集团，员工35岁就会被"优化"淘汰；

H知名网络公司，员工主力军年龄集中在30~40岁之间。

为什么会这样？企业真的是因为员工年龄大而淘汰他们吗？

很显然，没有一家企业会无缘无故辞退"老员工"，任何一位忠实于公司的老员工，其实都是企业的宝贵财富。

企业所以作出如此的选择，大多是老员工所创造的价值，已经远远满足不了企业的需要，关键是老员工所掌握的"岗位核心技能"已经适应不了行业发展的新需求。

当今时代是信息化时代，有一种速度，叫"中国速度"。

许多年前，我们身边安装电话座机的家庭还少之又少，可转眼之间，智能手机已经成为孩子们的玩物。

我们之中一些曾经使用座机的人，已经变得不会使用智能手机了。

社会发展速度如此，企业要想发展壮大，其速度必然需要远远超越社会发展的速度。作为公司职员，你所掌握的"岗位核心技能"，又要远远领先于企业发展的速度。

天下武功，唯快不破！

作为职场"赛跑运动员"，唯有做好一生赛跑的准备，不断在自我"岗位核心技能"上补充能量，才能持续领先。

在职场中，立于不败之地和没有立锥之地，其实仅有一线之差。

勇往直前，是唯一选择！

唯有勇往直前，我们才能突破自我，超越自我，从而闯过我们职业发展道路上的一道道关卡。

第三节 积累核心资源，蓄足个人发展的能量

如果有人问一个学生，你读了那么多年书，学到了什么？他可能回答，认识了很多字，学会了外语，学会了计算机运用，又或是学会了某项技能等。

哪怕是最差的学渣，他也能说出很多。

可是，如果有人问一个退休的普通职员：你上了那么多年班，到底学

到了什么呢？

他可能思考良久，然后无言以对。或者，他反问你一句："我是上班，是干活，还需要学什么吗？"

反之，如果我们问的是一名退休教授又或者是企业的高管，他回答的情况肯定又会截然相反。

差距在哪里？一目了然。

问题在哪里？

其实就是积累不一样，唯有持续积累，才可能厚积薄发……

身处职场，如果我们不懂得积累，不懂得去学习公司发展所需要的知识和技能，总有一天，积累会懂得怎么给我们一个悔不当初的巴掌！

一、正确认识公司核心资源

公司核心资源，顾名思义，就是公司赖以生存和发展的资源，是企业的命脉所在，其包括以下几点。

客户资源：客户是企业挣钱的源泉，是每一个员工薪水收入的根本。与客户过不去，就是与"钱"有仇！

合作资源：合作是企业增加收入和降低成本的重要方式，是增加企业竞争力和盈利能力的关键资源，积累合作资源，就是蓄积企业的生命能量！

技术资源：技术是企业核心竞争力的关键，同样，也是每一位员工核心竞争力的关键，积累技术资源，就是提升企业发展壮大和个人升职加薪的驱动能量。

如果继续往下，还有资金资源、人才资源、生产资源、宣推资源、信息资源、能源资源，等等。

根据行业不同，企业不同，我们还可能有更多特殊资源需求。

正确认识公司核心资源，就是要从庞大的资源种类中找出那些有利于公司发展壮大的资源，也就是核心资源。

二、存钱不如存资源，把命运牢牢掌握在自己手中

有人说："我在公司干了二十多年，为公司发展立下过汗马功劳，所以，现在也到享受的时间了。"

这样的人，他可能并不知道，辞退通知已经在路上了。

其实，并不是公司不讲情谊，而是因为职场如战场！公司存在的目的就是不断发展壮大，你见过拖着老弱病残打胜仗的军队吗？

近年来，我们经常听到"中年危机，中产阶层焦虑"等词，也看到很多活生生的例子。

2017年初，一篇微信公众号文章《深圳两套房 面临失业 中年财务危机引发家庭悲剧》，引发网友广泛关注。

大体情况如下：

某知名企业一位高学历的员工，即将面临被淘汰的危险。他所掌握的知识和技能，与市场需求有偏差，重新找工作，将面临薪水的大幅缩水，两套房子面临还不起贷款的危险。

引发这个问题的根本原因是什么？

简单点看，是十多年的职业生涯，个人不仅没有更多积累，甚至已经跟不上企业发展对人才技术的需求。

再深入一些，那就是缺乏自我经营意识，把钱全部存在了两套房产上，未对自我进行足够的投资。

试问，一个把自己捆绑在机器上，恨不得把机器当作"金饭碗"的人，又怎么可能逃得过"更新换代"的命运呢？

我们经常说："不要输在起跑线上"。

其实，步入职场，就是我们步入了一个新的起点。虽然，每个人的起点有高有低，但不管高低都是起点。

什么是"金饭碗"？

"核心资源"才是真正的"金饭碗"，而且是越来越增值的"古董金"。

我曾认识一位从事医疗行业的朋友，中专毕业后，在一家民营女子医院做企划类工作。可是，20年后，她却成了多家医院的股东。同时，自己手下还有一家餐饮连锁机构。

与很多大学、硕士、博士毕业生相比，她的起点可谓很低。但是，却有不少博士、硕士为她工作，这是为什么呢？

看看她日常的生活，我们可能就会明白：

当别人下班，在家休息、与朋友看电影或打游戏时，她在办公室里研究其他医院的营销策略和案例，寻找更好的营销方式。

当别人周末自驾，游山玩水的时候，她邀约合作单位的朋友，一起喝茶聊天，或两个家庭一起去某个山庄共度周末。

当别人自认为自己已经把工作干得很好，沾沾自喜时，她还在苦苦寻找自己工作中还有哪些可以提升的地方。

当别人自以为现在工作已经很好的时候，她在研究，行业下一个机会点在什么地方，自己怎么找机会参与进去。

……

差距在哪里？

就在核心资源的积累上。

当别人连手上掌握的技术都在一步步被社会所淘汰的时候，她的手上，正掌握着越来越多的"客户资源、合作资源、信息资源以及岗位核心技术"，甚至已经形成了一套先进的经营管理模式。

"存钱"不如存"资源"？

事实上，从某个角度来说，"存钱"虽然是一种投资，而存"资源"更是一种回报率更高的投资，二者最大的差异是，一种是对外，把钱撒出去，期望别人给自己挣钱；另一种是对自身，让自己变得更加"值钱"。设想一下，一个人对自己都做不到很好的投资，连自身所在行业的机会都把握不住，又如何能够做好跨行业投资，让自己变得更好呢？

我们的钱从哪里来，千万谨记，是从客户那里来。我们能挣多少钱，由公司利润所决定。

谁掌握客户，谁掌握增加利润的资源，谁就掌握自我职业生涯的主动权。

三、积累核心资源，"两把利器"闯"天下"

如果有人问："一家企业的核心资源在哪里？"

很多人会这么回答："在老板手上、在高层管理者手上、在那些拿着高薪的职员手上。"

回答有道理！但是，并不精准。

一家企业的核心资源在哪里？事实上，在"有效社交能力强、服务水平高"的人手上。

换言之，"有效社交能力"和"服务水平高低"，将直接决定着一个人的职场命运。

1. 有效社交，扩大核心资源网络

在不少企业，我们经常看见这样的人，经常与一群客户喝酒聊天，但一个月的业绩提成，还不够支付一顿饭的酒钱。

为什么？

因为他们做的，全是无效社交。

从理论角度说，有效社交，是一场"自我推销"过程，包括"自我口才、心理、心态、语言、形象、环境"等各方面。

如果按照这个思路，我想，在练成"有效社交"这项武功前，我们大部分人应该都已穷困潦倒，被迫辞职！

有效社交，简要表达，其实就是一件远比"谈恋爱"容易得多的事！

我们每一个人，都可以很好地完成。

如果你还是没有信心，那就再想象一下：一个完全陌生的人，你都有本事从不认识到熟悉，再到结婚生孩子，这种难度何其之高？

找准目标和方向，拿出谈恋爱的"功夫"，核心资源，自当唾手可得！

2. 强化服务，维护核心资源关系

一个人的"核心资源"积累程度，不仅取决于进项，最重要的，是资源流失率有多大。

服务能力，就是凝聚核心资源的力量！

有人做过这样一个统计，我们每接到4个顾客投诉，就代表有100个顾客不满意。如果不能及时解决，就会有100位顾客流失。反之，如果把一个顾客服务好了，至少可以介绍5个以上的新客户。

顾客如此，其他核心资源同样如此。

现代营销学之父，菲利普·科特勒提出过这样一个重要的理论——顾客让渡价值。他认为，"顾客让渡价值"是指顾客总价值与顾客总成本之间的差额，即产品价值、服务价值、人员价值和形象价值等之和，减去顾客货币成本、时间成本、精力成本和体力成本等。

顾客让渡价值越大，顾客越优先选购。

这个理论，对于提升我们的服务能力，具有极佳的指导意义。

在核心资源维护的过程中，我们必须牢牢把握两个方面：一是不断提升自我的"产品价值、服务价值、人员价值和形象价值"等；二是不断降低顾客的"货币成本、时间成本、精力成本和体力成本"等，至少要调整到市场同质化产品的平均水平之下。

如此，我们手上的"核心资源"，才能让雪球滚动起来并形成势能。我们的财富，才会水涨船高。

量变引发质变，"品牌溢价"形成之时，财富就呈暴增之势！

第二部分
职业规划，打一场"有筹谋"的持久战！

  职业规划不可小觑。职业生涯是一场个人对整个社会的大战，成败很可能只有一次机会。《孙子兵法》有云："夫未战而庙算胜者，得算多也；未战而庙算不胜者，得算少也。"未做筹谋或坐失良机，人生可能一败涂地。

职业规划是什么？

选择自己未来所从事的职业？不全是。为更好更快达到一定职业高度？也不全是。

职业规划，是以人生理想和人生价值实现为目的，以职场为战场，以所在组织（比如公司）和岗位为平台，以个人智慧和本领为抓手，以欲望为驱动，制定的个人发展规划，是高质量推动个人人生理想和价值实现的战略战术体系。

我们为什么要做职业规划？

职业规划可以把一个"要我去工作，去学习提升"的人，快速转化为"我要去工作，去提升"的人。把一个在工作困难和挫折面前怨声载道的人，转化为百折不挠，以破解难题为乐的人。

人生路上，最大的谎言莫过于"来日方长"。因为，相信来日方长的人，其实已经死在了"昨天"。

人活一世，最大的糊涂莫过于"不懂职场"。因为，不懂职场的人，要么在平凡的工作岗位上虚度一生，要么在无形的壁垒前撞得头破血流，要么面对诱惑掉入悔恨终生的陷阱……

职业规划，就是要寻找一条路径，穿越黑暗，走向光明。

第三章　先绘"草图"，筑牢不败之基

假如有人把你的眼睛蒙住，带到一片苍茫的森林，告诉你：如果你能这样穿越黑暗的丛林，避过毒虫野兽，并且避免不摔死在悬崖沟壑间，登上山顶，就会得到奖励，看到最美的风景。

试想一下：你敢走吗？如果走了，你觉得自己上到山顶的概率大吗……

不要认为这个假设不成立，也不要认为自己不会面对这种情况。其实，这就是我们每个人职业生涯的真实投射。

我们双眼被蒙住，就是刚刚步入职场，对前路一无所知的真实写照；山顶和奖励，就是我们职业愿景和人生价值的实现；毒虫野兽、悬崖沟壑等危险，就是我们实现职业愿景的路况。

如此危险，是否很绝望？

倒也大可不必。

职业规划，此处应该叫"伪职业规划"，正是为筑牢不败之基，防范职途危险而设定。

第一节 找准坐标点，以点连线绘"草图"

"先找驴，骑驴找马。"

"我想去发达的大城市打工，在那里更有机会接触国际国内的先进技术，更有利于成长。"

……

每年毕业季来临，关于就业方面的话题和观点，总是层出不穷。

大家各有各的说法，各有各的道理，那么，该听谁的呢？

显然，谁的也不能听，我们只能听自己的。

但是，如何保证自己的就一定是正确的呢？

我们可以先找准坐标点，以点连线绘制自我职业规划的"草图"。这所谓的坐标点，包括终点、起点、风险点、发力点等。

一、找准"起终点"，认清自我的未来

对于准备或刚刚进入职场的人来说，对职场的认识还不够深，一个人的职业生涯就是一条线。这条线，可能是由自己目前的起点和未来愿景目标组成，也可能是由员工、主管、经理、副总等阶段组成。

绘制职业规划草图，就是从这些基点出发，连点成线。

1. 找准"终点"，成大事者必须先存大志

翻开我们的名人传记，我们还可以从很多人的故事中，看到从小就立大志的情况。

为什么呢？

因为一个人的发展愿景，其实就是一盏职业生涯的导航"明灯"，是一个人克服困难，取得一个又一个胜利的动力和获取成功快乐的源泉。

反之，一个人如果没有这样的愿景，就算找到了一份工作，他们也不可能有工作的激情。

工作中，我就经常听到这样一些类似的话：

"我其实很不喜欢这份工作。可是，这工作是我爸妈帮我找的，还托了别人很大的关系。干吧，一点动力没有；不干吧，又觉得对不起父母……"

这样的人，每天上班大多都是无精打采。办公椅上仿佛长了尖刺，坐在上面比受刑还要痛苦。

下班时间一到，人立马就开溜。

这样的情况，可能取得优异的工作成绩吗？

显然不能。

所谓找准"终点"，就是我们要先弄清楚自己想去哪里，然后才能集中精力和时间，专心向着这个目标努力。

2. 认清"起点"，别让自己"睡"在起跑线外

我们经常会见到这样一些人。他们之中，有人喜欢对工作岗位挑三拣四，觉得上司安排给他的工作太简单了，不愿意好好干。有些人呢？喜欢侃侃而谈，随时都在吹嘘自己有多么能干，可业绩却一塌糊涂。更有甚者，有人还觉得是上司故意打压自己，不给自己出人头地的机会。

这些其实都是没有认清自我"起点"的人。这样的人，几乎不可能得到发展的机会。

认清起点，我们必须理解"起点"的内涵。

一是知识技能层面的起点。这个起点相对容易把握，就是我们所具备

的综合能力可以胜任什么样的岗位。

举个简单的例子。一位正规大学的毕业生进入办公室工作，她要具备的能力并不仅仅是收发文件、公文写作等。她还必须熟悉公司的相关工作流程和管理制度，熟悉公司的整体环境，以及自己需要进行工作对接的人员等。由于各家企业对办公室的分工和要求不同，可能还需要具备更多知识技能。

二是人情世故层面的起点。这个起点指的是，我们进入职场环境，要懂得自己所处的位置，根据自己的位置来定自己的行事方式。

譬如：作为公司的新人，发现老同事干工作出现错误时，我们最好以试探性询问的方式提醒他们，轻声问问他们这样做是不是有些不妥。如果我们当众指出他们的错误，可能就会遭到所有老同事的反感。

三是运转规律深处的起点。这个起点指的是，公司在运转过程中存在一定的规律和惯性，我们要适应这样的规律，弄清楚自己在规律中的位置。

譬如：我们所处的公司，可能会存在上司才干不如下属的情况，甚至是上司才干不如自己的情况。但是，我们一定要懂得尊重上司，尊重前辈，而不是觉得公司的大上司或是人事部门没有眼光。因为，先来的人占据了重要岗位，这是很有可能的。任何一家公司，都不可能因为来了一个更有才干的新人，立刻就把原来岗位上的人换掉或是辞退。

认清自己的起点，我们才能真正懂得自己在岗位上该干什么，该怎么干。如果连自己的起点都弄不清楚，我们的命运，要么是被辞退，要么是被迫辞职，要么只能永远"睡"在起跑线外，一动不动。

找准"起终点"，我们就是要将自己的职业规划连成一条线，连出一条最短的直线。

有了这条直线，我们才不至于走歪，才会有自己坚持的准绳，进而让我们始终立足现实，朝着职业目标不断进发。有时候，就算我们必须绕道，那也一定是为了更快接近目标。

二、找准"发力点"，给自己一股不竭的动力

我在一家民营企业集团公司工作的时候，曾遇到这样一件事。

当时，公司招聘了一批新员工。由于他们刚刚搞完入职培训，工作岗位还没分配好，每天没有多少工作可以干。新员工在公司有些无所事事，经常凑在一起聊天。

公司上司看到这样的情况，觉得他们有些影响其他部门的工作，就专门给他们开了一次会议。

上司在会上说："……大家入职培训已经结束了，所以留大家在总部几天时间，是希望你们与各个部门多熟悉一下。大家去到工作岗位上后，能够和总部各部门有更好的联系。你们在总部还有几天时间，这些天同样不会给大家安排更多工作。如果大家都对接好了，也不要凑在一起聊天，影响其他人工作。你们有时间的话，可以带书到公司学习……"

第二天早上，新员工们果然没凑在一起聊天了，很多人都拿了书本来公司。不过，让人想不到的是，就在当天下午，就有好几个人被辞退了。

为什么？

因为这几个人拿来的是考公务员的复习资料，一问之下，他们都报名考公务员了。

看到这里，可能有人会想：考公务员是个人选择，没有哪条规定说民营企业的员工不让考公务员。

可是，老板也会想：你拿着我的工资，不仅不干活创造利润，就连学习的都是与公司无关的知识，而且还想着另谋高就。这样的人，能安心在公司工作吗？这样的情商，能干好工作吗？

找准"发力点"，主要有两个方面：

1. 锚定工作岗位，确保稳步前进

在公司里，每一个工作岗位，都会有一个基本的岗位职责。一般情况下，越小的公司岗位职责会越多越复杂。

比如，一家小公司的综合办公室工作职责，可能就会涉及以下内容。

一是行政工作：处理日常行政事务，如文件管理、会议组织、通信联络等，确保各项行政工作的顺利进行。

二是秘书工作：协助上司处理各类文件、安排会议等，为上司提供高效、精准的支持。

三是文书工作：撰写、修改各类文书，包括通知、报告、计划等，保证文字质量。

四是协调工作：负责内外沟通，促进工作的顺利进行。

五是数据分析：收集并整理各类数据，进行深入分析，为上司决策提供数据支持。

六是档案管理：负责档案的收集、整理、保管和使用，保证档案的完整性和安全性。

七是人力资源：协助处理员工招聘、培训、考核、工资计算等工作。

八是其他职责：根据单位需要，完成上司交办的其他任务。

这么多项工作，可能是很多人完成，也有可能只是两三个人完成。如果我们的岗位是办公室职员，那就不仅需要会干上述各项工作，还要精通上述工作，懂得把自己的工作时间分配好，如此才可能高效高质量完成。

所谓瞄定工作岗位，确保自己稳步前进。

指的就是我们一定要对准各项职责，不断补短板、强弱项，快速学习提升自我。当我们把各项工作都干到优秀了，那我们就是优秀的办公室人员了。

反之，如果我们找不到这些发力点，东学一点西弄一下，甚至干脆不学，等上司开始批评了，自己才去恶补一下，后果会是什么呢？

可以想象，要么永远做一个基层办事员，要么快速被后浪拍死在沙滩上，要么干脆被公司辞退。

2. 锁定目标岗位，储备晋升的力量

我们为什么要做职业规划？

追根究底，就是确保自我在职场上能够得到更快速的成长，在公司的职位以及薪酬福利待遇能够得到更快提升。

所以，我们不仅需要懂得如何成为一名优秀员工，我们还需要懂得如何成为一名优秀的管理层人员。

我们需要给自己拉出一条"员工、主管、经理、副总……"晋升的线，并找到线上的每一个点以及需要具备的能力。

比如，与办公室员工比较，办公室主任岗位可能就会涉及到以下内容。

一是负责组织会议接待、企业文化建设、公司主管单位日常事务外联等工作。

二是负责统筹处理外来信息、文件、商务信函等工作，以及主管单位或部门来公司检查的接待工作。

三是负责协调公司各部门、分公司以及外部相关单位的关系，确保各层面关系融洽，创造良好的工作氛围和工作环境。

三是负责各类安全教育、培训、监督、管理工作等。

四是负责公司员工的考勤监督和处理各类请假的审批。

五是协助总经理和副总经理协调、控制各项工作的安排、实施及总结工作。

六是负责做好上令下行，督促实施，下情上报，策划及方案论证等工作。

七是负责做好办公室日常管理工作，合理安排工作，调动下属工作积极性，带领下属做好各项工作。

八是负责公司行政规章制度的制定、监督、执行、完善，不断提高工作效率。

九是负责做好后勤保障工作。

十是完成公司上司交办的临时性工作。

要完成好这些工作，需要我们具备很多技术和能力，诸如良好的沟通能力、高效的工作能力、优秀的组织能力、严谨的思维能力，以及较强的团队合作能力和个人学习能力，还要有较强的责任心和敬业精神。

我们必须非常清醒地认识到，只有先具备了干好上司工作的能力，才可能得到更高上司赏识，获得晋升的机会。

如果我们的职业规划中没有这样的内容，自然很难全方位学习提升，依靠在员工岗位上慢慢悟，多难啊。

找准"发力点"，就是要十分清楚成为一名优秀员工需要的能力，以及步入管理层需要的能力。

然后，我们对照这些所需的能力，有的放矢地提升自己。

如此，我们才可能把自己的"好钢"都安在了"刀刃"上，把我们有限的时间、精力和体力，都转化为推动自我快速进步的动力。

三、找准"危险点"，始终保持清晰的头脑

职场上，我们经常听到一句话："要允许员工犯错。"

这是真话吗？

如果从员工犯一些小错不会被开除来理解，算是真话。

如果从员工犯错不必付出代价角度来理解，那肯定就是假话。

不管在哪里，我们一定要明白一个事实，那就是犯了错，一定会受到相应的惩罚，会付出相应的代价。

所以，我们做职业规划，一定要找到工作中的"危险点"，并在我们的规划图中标注出来。如此，我们才可能尽量不犯错或少犯错，少付出代价。我们在职场上才会走得更快更远。

一般而言，职场上的"危险点"主要体现在以下几个方面：

1. 工作一定要严谨，小漏洞容易惹出大事端

在深圳的时候，我曾听同事说过这样一个故事。

一家发展不错的珠宝品牌企业，准备进一步融资上市。经过几轮沟通，某风险投资公司准备投入1亿元的资金。

风投公司董事长带着几名高管到珠宝公司考察交流，参观了珠宝公司的生产车间，又看了几个大型商场的品牌形象店，表示很满意。

最后，大家在珠宝公司的会议室举行座谈。

不巧的是，此时问题出现了。

珠宝公司打的座位牌，居然将风投公司两个人的名字都弄错了。一个是将"波"字打成了"坡"字，一个是将姓氏的"黄"打成了"王"。

由于这两个字的错误，风投公司毅然决定取消投资。

风投公司给出的理由就是，珠宝公司在管理方面非常不严谨，他们对投资没有信心。

两个字的错误，影响的却是1亿元的投资。不得不说，这样的代价实在太大了。

工作上的态度和习惯，是初入职场的人最容易陷入的"危险"。因为，我们平常以为的小问题，在工作中却是最不能犯的错误。

如果一个人犯的错误很低级，那一定不是学识问题，而是态度问题。

一个工作态度有问题的人，怎么可能得到大家的认可和欣赏呢？

2. 坚守初心，明辨是非以防掉坑

喜欢读历史的朋友，经常都会发现这样一些人物故事。

有人从小立下宏愿，长大后要做大英雄，要为民请命等。开始，他们确实非常刻苦，彬彬有礼，取得了一般人达不到的成就。

可是，当他们真正身居高位，当他们面对权力、金钱、美色诱惑或者是生命安全受到威胁时，他们变了。

如果我们是有着丰富职场经验的人，我们可能还有着切身体会，曾经非常熟悉的人，某一天就成了罪犯。

为什么？

他们忘了自己的初心，忘了自己曾经也立过志。那就是，坚守初心，明辨是非。

职场对于不同的人来说，一定有着不同的认识和意义。有人会把它当作追求金钱的地方，有人会把它当作追逐权力的地方，有人会把它当作实现人生价值的地方……

不管是哪一种，其实都在自己的内心深处种下了"孽根"。

职场，其实更像一场修行，每一个人都只是苦行僧。谁能够坚守初心，谁才是最终的胜利者。

我们时刻准备着，机会来了，我们抓住机会。机会不在，我们就在自我提升中等待机会。

最关键的，面对"机会"，我们一定要明辨是非，我们面对的到底是机会还是"坑"。

人生没有回头路，没有侥幸，一旦出现走偏的情况，后果可能都是自己承担不起的。

3. 找准"危险点"，提醒自己危险时刻就在身边

身处职场，我们一定要懂得谨小慎微，因为危险时刻都在身边。

明辨是非，我们一定要头脑清醒，不是别人干过的我们就能干。生活中，肯定不会缺少好人，但也一定不会缺少好心办坏事的人，而且同样不会缺少喜欢给人挖坑的人。

职场有很多"危险点"，有些来自于自我的某些欲望，有些来自于别人的某些欲望，但最终都来自于自我的不小心。

第二节　自我经营，更好的未来属于更好的自己

解决了个人发展路线图的问题，是否就代表职业规划完善了呢？

显然没有。

职业规划还有第二重功能，就是一定要做到：自我经营，快人一步！

职业路线图的规划，从数学角度解决了两点之间直线最短的问题。可是，要真正达到快人一步，我们还必须多角度认识和分析。

从兵法角度分析，没有敌人拦截或拦截势力较弱的道路，是抵达目的地最快的道路。

从时代发展角度分析，抵达目的地最快的方式，是立足道路实际情况，优选最佳的"交通工具"，包括水路坐船，旱路步行或骑车，开车又或是坐火车等。然后，就是驱动力方面的问题。

职业规划，不仅是一份线路规划，更是一份自我经营的规划，其最终的目的就是在走得更快的基础上走得更远。

一、职场"新工具"，在不败基础上超越

职场速度，终极目标在于"超越"。职业路途，唯有不断超越别人，才可能进入领跑行列。超越的关键，就在于"交通工具"。

正所谓："假舆马者，非利足也，而致千里；假舟楫者，非能水也，而绝江河。"

什么是职场"交通工具"呢？

我的认识和总结是：职场"四资"，即：资格、资质、资历、资源。

四资得其一，等于获得了一辆"独轮车"，虽然只能推着走，但却能比其他人更能负重，更省力。

四资得其二，我们就等于获得一辆"自行车"，虽然还需要自己卖苦力踩踏板，但速度无疑比两条腿要快上许多。

四资得其三，就等于获得了一辆"三轮摩托车"，安全系数虽然低些，但却真正步入了机械动力时代。

四资全得，那就是一辆"小汽车"，只要自己不打瞌睡往悬崖下开，那就是稳步"奔小康"的节奏。

在职业规划中，"交通工具"永远是绕不过的坎。

如果我们不能在职业规划中对"四资"进行计划，那就等于毫无规划。或者说，再美好宏大的职业愿景，都将因为失去驱动力和支撑而成为遥远的"海市蜃楼"，理想只能是空想甚至妄想。

因此，有针对性地修炼"四资"，在我们的职业规划中尤为重要。

1. 修炼"四资"，筑牢职场不败的根基

关于人才，某位世界首富如是说："一个公司要发展迅速，得力于聘用好的人才，尤其是需要聪明的人才。"

国内某知名企业家说："人才是利润最高的商品，能够经营好人才的企业才是最终大赢家。"

某著名企业管理学教授也说："员工培训是企业风险最小，收益最大的战略性投资。"

我们修炼"四资"，为的是什么？

就是主动把自己变成企业最珍贵的资源，变成行业里的"香饽饽"。如此，我们就能在职场上立于不败之地，具备争胜的基础。

论修炼内容和方式，则包括：

（1）资格。就普通员工而言，所谓资格：一是在思想上，认同公司的经营理念和文化，具备良好的忠诚度；二是在行为上，严格遵守公司的管理制度，在工作岗位上履职尽责，精研业务，积极进取，开拓创新；三是参与良性竞争，并在企业营造良好的文化氛围中发挥表率作用。

（2）资质。就是能够从学历、专业技术能力等方面下功夫：一是达到公司对相关管理岗位从业人员的基本要求；二是结合公司当前发展需要，提升自我的职称资质；三是根据行业未来发展的需要，持续提升自我，一步步成为公司支撑型人才。

（3）资历。就是提升自我的工作经验、项目经验：一是要积极主动参与到项目工作中，尽可能多干多学多思考，积累丰富的实操经验；二是要在具备一定经验基础上，积极策划项目，积累自我的探索和创新经验。

（4）资源。就是以岗位为基础：一是从提高效率和质量角度，不断丰富自我工作相关的资源；二是从个人发展的角度，特别是晋升目标岗位的需求，积累资源。

"四资"是我们从事行业岗位工作的基础，基础越牢固，我们的工作就越稳定，在建设职场"高楼"中所能承受的压力就越大。

2. 修炼"四资"，四面围猎"职业愿景"

我的一位朋友，本来要升任公司总经理了，可是，上司突然又想从外面引进人才。我们一起聚餐，他很苦恼，不想失去这个晋升机会，但又无可奈何，问我该怎么办？

我给他说了"四资"理论，让他检视自己的不足。他很快就发现自己输在了资源上，特别是人脉资源。然后，他去找老板沟通。

他告诉老板，说自己近些年一直忙于基础性工作，在资源拓展方面，没能得到很好的强化。现在，公司的管理已经比较完善，业务也比较稳定，所以想利用周末时间，去参加一些行业课程的学习。同时，参加一些行业沙龙和俱乐部，请老板帮忙参考。

老板听罢，觉得他的想法很好，不仅给他推荐了几个沙龙，还主动提出给他报销学费、会费等。

他呢？也不负老板期望，积极与同学、沙龙会员们交流，为公司拓展了好几单大生意。

老板看到他的成绩，打消了引进总经理的念头。三个月后，正式任命他为公司的总经理。

"四资"是职场人士个人综合素质的重要内容，也是每家企业最需要员工具备的素养。以"四资"围猎"职业愿景"，就是直接奔着解决企业实际需要的问题而去，简单高效，晋升"速度"自然更快。

3. 修炼"四资"，成就优秀的"四梁八柱"

有一次，我新到一家企业担任高管职务，与团队聚餐时，一位老员工问我为什么会来公司上班。

他说公司的老板对员工不好，宁可信任外面的人，也不信任忠于公司、在岗位上踏踏实实干的人。

他说自己在公司干了8年，业绩不错，但老板从来没提过给他升职加薪。

我听罢笑了一下，问他："你在这个行业干了8年，对自己的职业规划是什么呢？"

他说没什么规划，想的就是多干活、多挣钱。

我又问他："你觉得现在的公司前景怎么样？"

他摇了摇头，说不怎么样。他在公司已经8年了，没感觉到公司会有什么大的发展。

我听罢忍不住笑了起来，道："可能不是老板不给你升职加薪，是你的职业观出现了问题。你没有职业规划，意味着你不知道自己未来要去向何方。如果老板给你一个团队带，你会把团队带去哪里呢？还有就是，你对公司的发展没有信心。试问，你都没有信心，如果带团队，又该如何给大家信心呢？一个连信心都没有的团队，又如何能有激情、有凝聚力、能干好工作呢？所以，你其实需要好好改变自己……"

我的话让他愣住了。

他思考了好一会儿，才对我说："你说得好像真是这么回事。看样子，真是我自己出了问题。"

"规划+四资"，成就优秀人才的"四梁八柱"。

职业道路上，我们必须要有自己的职业规划，并根据自己的职业规划，对照资格、资质、资历、资源要求不断补短板，强弱项。

如此，我们才能快速把"两条腿"换成"小汽车"，换成"超级跑车"，有更大机会、更快实现职业愿景。

二、职业"好路径"，从前人成功的道路上起跑

所谓"伪职业规划"和先绘"草图"，就是要先确保职业方向和道路。

我们有许多人，打着"创新旗号"，嘴里嚷嚷着"走自己的路，让别人去说吧"，硬生生把自己折腾得死去活来。结果呢？他们所谓的创新，别人早在八百年前就已经搞出来了，甚至搞得更好。

这样的人算是创新人才吗？

当然不算，最多算是活得稀里糊涂。

这样的人"战死职场"算是勇士吗？肯定也不算，因为他们就是用自己的愚蠢行为完成了一次丑陋的"自杀"。

先绘"草图"，设计自己的职业路径，我们最好是沿着行业已有的成功路径来走。我们通过自己的思考、总结来加快速度。

1. 走别人的路，就是我们"最快"的路

一位上过战场的老兵说自己打仗的经验时，曾说过这样一句话："我们在战场上，需要处处小心。走路的时候，要尽量把自己的脚步，踩在前面战友的落脚点上。不然，很容易碰上地雷，丢了性命。"

为什么呢？

安全。

战场行军，危险重重。

职场呢？同样如此。

步入职场，不管是什么行业，其实都已经有很多人走出了成功的道路。我们不需要自己去探索，去开辟，只需要去学习，在别人走出的道路上跑起来，快速追上别人。

试问，明明已经有了路，我们非要视而不见，装成一头"拓荒牛"，去另外开辟一条道路，有意义吗？

我们再看看市场上的企业：

有人空调做得很好，可空调并不是他们发明的。

有人电商做得很好，电商也不是他们发明的

……

他们其实都是在别人的道路上，增加了一些自己的东西，从而把走的方式变成了跑，实现了超越。

做职业规划，我们一定要去看看行业里的精英，看他们成长的历程，从他们发展的道路中找到自我的路。

2. "等"与"问"，防范误入歧途的最佳方式

很多年前，有人问了我一个问题："当你走到一个十字路口，迷路

了,路上没有其他人,身上没有通信工具,你会怎么做呢?"

答案是:"等"与"问"。

我说,如果遇到这种情况,我们就该等着,等有人来了以后,问清楚该怎么走,再继续出发。

职场好比一片大森林,危机四伏,稍有不慎,就会误入歧途。我们一旦出现这样的情况,纵然有幸回到原点,损失也是巨大的。我们总不能满嘴白胡须,还在职场的道路上与年轻人赛跑。而对于只能拿着一份"草图"的普通职场人士来说,走进阡陌交织的森林,迷路又是极为寻常的事。

所以,"等"与"问",十分重要。

我们选择"等",是因为我们原本就还处于森林外围,这也是人数最多的区域。我们不用担心没有识路的人前来。

之所以选择"问",是因为我们手上原本就拿着一份草图,知道大致的方向。我们基本能够从来人的回答中辨别出真伪,而不是没头没脑跟人走,最后被带进了沟里。

三、职场"心能量",让心性率先抵达成功

阳明心学的核心——知行合一,致良知。其阐释了一个深刻的道理,即"思想意识决定行为方式。二者互为表里,不可分离。"

如果我们深入了解一个成功人士和普通大众的差异,二者最大的不同,就是成功人士拥有一颗坚信自己必然取得成功的心,普通大众往往觉得"成功"是不可能完成的任务,或者认为成功靠的是"运气、机会"等。

让心性率先抵达成功彼岸，在我们的职业征途上，表现为三个方面：

1. 一颗坚信"职业愿景"必然实现的心

一个人，成功的最大前提是什么？

自信。

不自信，必然没有底气，没有动力。

推销行业，我们经常会见到这样一些现象，很多没经过培训的新人，他们不敢给陌生客户打电话，拿起电话打给陌生客户，声音都会发抖，将电话营销当作干坏事一样！

他们不敢去写字楼做陌生拜访，好不容易鼓起勇气，走到写字楼门口，一个保安就能将其拒之门外！

就算他们走进了客户的办公室，可客户几句话，就能将其轻易打发，灰溜溜地逃跑。

……

为什么呢？

不自信。

他们对公司产品不自信，对推销职业也不自信，对自己能否卖出产品就更加不自信了。

经过良好营销培训的人呢？

他们会觉得推销是一份非常锻炼人的职业，他们了解许多企业、许多老板都是从推销起家，最终成长为行业里的翘楚。

他们不仅明白产品功能，还会自发去研究产品能给对方带来什么好处。他们甚至觉得自己不是推销产品，而是在帮助客户解决问题和痛点。

他们懂得许多技巧，懂得如何说服对方购买自己的产品。他们会在一次次的失败中总结教训，在一次次的成交中提炼经验，越来越自信，越来越优秀。

与做推销一样，我们做职业规划，做出的一定是一份能让我们相信自己可以实现的职业规划。我们的职业愿景，至少是自己连跑带跳有可能触摸到的。如果自己都不相信愿景可以实现，那就一定是一份毫无意义的职业规划。

坚信自己的职业愿景一定会实现，我们就能够从"职业愿景"中汲取到巨大的能量，感受到"职业愿景"的巨大牵引力。

我们每一次克服困难，踏过坎坷，解决了新问题，自己都会感受到离目标又近了一步，从一次次的成功中获得巨大信心和动力。

如此，我们在工作中就能形成"滚雪球效应"，积累越来越多，进步的速度越来越快。

2. 可为"职业愿景"付出一份坚持

我曾有这样一位同事。他是公司的企划专员，主要做文字类工作。当时，电商刚刚兴起，消费者还处于担心网上买到假冒伪劣产品的阶段。各家珠宝公司虽然开始做电商，可目的都不在赚钱上，更多是为了做宣传。

他呢？

觉得珠宝在电商平台销售一定会发展成一种趋势，所以，不仅抽空学习相关知识，还积极学习了图片处理、视频拍摄制作等相关技能。

就这样，他一边上班，一边学习，一边经营自己的网店。

很多同事都不看好他的选择，有时候，看他不仅不挣钱，还要花钱买各种各样的书籍，甚至怀疑他魔怔了。

三年后，他凭借自己积累的珠宝知识和电商经验，应聘到某知名珠宝企业电商事业部任总经理，一跃成为企业的高管，薪资翻了几番。

这时，大家才有了一种恍然大悟的感觉。

大家觉得都小看了他，原来他学习在电商平台上卖珠宝，并不是为了在销售方面挣钱，而是看到了许多珠宝企业需要用电商"撑门面"。毕竟，电商是一个时髦的销售渠道，同时还具有展示推广产品的功能等。

可是，就在大家以为他到此为止的时候，甚至以为他会走下坡路的时候，他又干了一件让人大跌眼镜的事。

他居然从珠宝公司辞职了，专职干起了自己的电商。

同样，没有任何一个人看好他的创业行为。

他呢？依然我行我素。

直到大家有一天发现，他的平台上不仅仅有珠宝，还承接各种各样的贵金属纪念产品定制，而且他的纪念产品销售还很不错时，终于恍然大悟。

原来，他做的并非大家想象中的电商，而是把电商平台变成了自己的业绩展示平台和产品、服务展示平台。

他干的工作，就是跑各家大企业，向他们推荐自己的定制服务。

电商平台，是为了方便顾客选品。

他成功了！

个人的职业规划一旦制定，经过自己的思考觉得可行，那我们就一定要好好地坚持。

别人不看好、否定、嘲笑……

没关系。只要我们有一颗为"职业愿景"付出一切的心，懂得变通，我们就能走出一条属于自己的路。

3. 突破"心理瓶颈"，才能展翅翱翔

一个人要在职业生涯取得突出成就，最困难的是什么？

很多人可能会这样回答：思路、创意或者创新！

对于处于发展阶段的职场人士来说，这样的回答无疑是正确的。可是，对于初入甚至未入职场的人来说，由于受到行业、职场、职业认知的局限，并不适合这样的答案。

他们最大的困难，其实是自我心理瓶颈的不断突破！

这就像初生的秃鹫，唯有立足悬崖峭壁，敢于跳向悬崖之外，敢于挥动自己的翅膀，才能练就翱翔天际的本领。

第三节　以专长和专业，打破被淘汰的周期率

在学校，我们经常听到这样的话："现在找工作，太难了。企业招人，动不动就要几年的工作经验。我们刚毕业，哪有工作经验，没工作经验，又去哪里找工作呢？"

在企业，我们经常听到这样的话："现在的毕业生，真不知道在学校里是怎么学的，毕业了，什么都不会。招个人吧，不仅要发工资，还要花钱花时间重新培养。培养出来了吧，指不定哪天就辞职了，人财两空……"

工作中，我们经常还会听到这样的抱怨："我真搞不清楚上司是怎么想的，这专业的人干专业的事，非要让我来做，费时费力还做不出效果，脑袋有病吧？"

……

企业为什么要招聘员工？

归根结底，是为了找到更多帮助企业盈利的人，谁给企业盈利越多，谁就更有价值。反之，则是企业的负担。因此，职业规划，必须围绕帮助企业盈利和快速提升自我帮助企业盈利的能力来做。

帮助企业实现盈利的基础，即把工作做好的能力，叫"专长"；帮助企业战胜对手，赢得市场的综合能力，叫"专业"！

一、一技之长，开启高质量职场的"金钥匙"

每当与大中专院校的朋友一起，我就经常听他们说："我们的学生，其实不是找不到工作，是艰苦的工作，他们不愿意去干。"又或者："现在企业的要求太高了，技术更新的速度太快，我们的老师身处校园，完全赶不上时代发展的速度。因此，很难培养出与社会发展同步的人才。"还有一些中职学校的领导说："我们现在采取的人才培养方式，基本都是订单式培养。我们出资质和教室，企业出设备和师资，培养出来的学生，全部到企业去就业。"

听着他们的话，我忍不住思考：情况真是这样吗？

我有些怀疑。

很多艰苦的工作，学生不愿去干？

显然不是。

这就像我们建筑专业的毕业生，因找不到工作去抢餐馆洗碗工的饭碗，算是就业吗？学习的专业知识没有发挥出来，又怎能叫就业呢？

"企业订单式培养"更是一种把企业逼到"办学校"的行为。企业真的愿意这样做吗？肯定也不是，那其实是找不到合适人才的无奈之举。

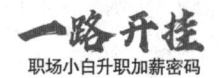

不过，这种现状，也告诉我们有"职业梦想"的人一个道理，那就是要在这个时代脱颖而出，其实非常容易。或者说，只要有一技之长，就能够成为我们开启高质量职场的"金钥匙"。

1. 企业到底需要什么技能

一家企业，不管大小，都需要具备以下几个板块的部门或者功能：一是产品生产；二是市场营销；三是宣传推广；四是售后服务；五是财务管理；六是办公人事。当然，企业综合程度越高，分工越细，部门划分则越多，但从基础功能角度说，不管怎么划分，都离不开这六个板块的工作。

所谓企业需要的一技之长，就是从"六大板块"的核心功能出发，形成自己独特的工作技能和服务优势，并拿出拥有一技之长的佐证材料，让人感受到这种技能的优势和效果。

2. 一技之长是高质量职场的"敲门砖"

在我的同学中，曾有一位书法和文章写得不错的同学，大学时就加入了省书法协会，而且有好几篇文章发表在省级刊物上。毕业时，当同学们都还在为找工作发愁，他呢？已经非常顺利地得到一家知名国企办公室的工作。

还有一位同学，大学期间，一直专注于演讲学习，多次参加省市演讲比赛并取得优异成绩。同时，还对外承接主持工作。大学毕业后，非常顺利地进入到电视台，做了一名主持人。

我们还有不少的人，在校期间，就获得各类执业资格证书，参加省市赛事活动并获奖，还没毕业，就已经收到多家单位的邀请。

3. 一技之长是胜任工作的基础条件

企业不是学校，招聘工作人员，不是为了招进公司慢慢培养，而是要找一个能胜任相关工作的人，能给公司直接或间接创造利润的人。一技之长，就是胜任工作的基础条件。

做职业规划，我们不仅要注重行业、企业、专业的选择，更要注重自我能力的培养。如果入门条件都不够，再完美的规划，都只能是一场美梦。

二、专业水平，让"专业领先"拉动"个人发展"

一位职场精英和普通员工比较，最大差异在哪里？答案：更专业！

关注社会学和企业管理学的人，一般都知道一个定律：二八定律，即80%的销售额源自20%的顾客；80%的电话来自20%的朋友；80%的财富集中在20%的人手中。换言之，行业市场上，80%的利润被20%的企业赚走；企业里，80%的利润由20%的人员创造……

差异到底在哪里？更专业！

一场公平的竞标，最后胜出者靠什么？更专业。

公司无数销售人员，业绩差异的最大原因是什么？依旧是：更专业！

1. 什么是"专业"

所谓专业，我们常常理解为"术业有专攻"。然而，放在充满竞争的工作中来理解，其核心要义是"比竞争对手干得更好"。所以，我们必须明白，学过不叫专业，会做不叫专业，唯有做到比别人更好，做到令人信服和赞叹，才能真正称为专业。

专业分为两个层面：一是个人层面，即个人远超对手的干事能力；二是企业层面，是企业远超竞争对手，能赢得市场、赚取利润的能力，是以企业上司为核心的团队能力。

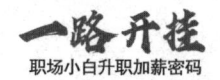

2. "专业"的价值

在我们的企业中,经常看到这样一种现象。有些企业,每天通过大量宣传推介自己的产品,每天安排很多行销人员推介产品,举办很多营销活动,但一年下来,所接到的业务还是很少。可是,有些企业呢?每天忙于生产,客户总是不请自来,推都推不掉。

为什么?

两个字:专业。

所谓专业的价值,就是客户有某方面的困扰,第一个想到的就是你;在这个领域,他深深地相信你。客户愿意为你的服务高价买单,并且还要感谢你……

职业规划是对个人成为职场精英的规划,而个人的"专业价值量",就是成为职场精英的基础,是树立个人IP的核心。

3. "专业"领先修炼法则

立足企业,专业领先,可概述为:满足顾客需求的综合能力和水平领先,主要包括:

(1)超过顾客期望值的产品开发能力。在个人修炼过程中,一是要不断提升自我对客户需求和客户行业市场的认识,制定产品开发规划并不断创新革新;二是要不断提升自我技术水平,做到技术领先,保持超越客户预期的水平;三是要做到成本领先,不断提升自我管理管控的水平和能力。

(2)超过顾客期望值的服务能力。顾客的好评是一个人赢得顾客长期合作和尊重的基础,也是个人为公司创造更多价值,赢得公司高层关注的重要支撑。其修炼提升方式,包含以下几个重要方面:一是服务意识修炼;二是干事能力提升;三是征服客户,把客户变成自己的铁杆粉丝。

三、全力冲刺，"自满"是"被淘汰"的信号

在业界，各领风骚三五年是常态。

数据统计，中国企业的平均寿命为3.9年。我们经常看到，一家昨天还门庭若市的企业，今天早上，可能就已大门紧闭。

其实，身边的例子有很多。一个学生从学校毕业，真正掌握"前沿技术"的人，有多少？比如网红直播火爆之初，学校设立这样的专业吗？显然没有。

再看看我们老一辈的人，当QQ已经成为重要社交工具时，有多少人连电脑打字都不会。当微信、抖音、快手火爆网络时，又有多少人，拿着手机，不到怎么去玩……

作为一名有人生理想和职业愿景的人，要成就"精英"人生，必须经历3个重要阶段。这也是职业规划必不可少的内容：

一是追赶阶段：以精英为榜样，在学习中全力冲刺，不断超越竞争对手，向着精英靠近。

二是精英阶段：以精英为对手，掌握新的竞争武器，全力冲刺，持续保持自己的领先地位。

三是引领阶段：以持续创新为基础，成为"未知领域"的探索者，引领探索发展方向。

在我们社会生活中，经济可能出现倒退，个人的生活品质可能倒退，但人们对专业的服务要求只会越来越高，企业和个人的竞争压力只会越来越大。

全力冲刺，才会有一个美好的未来。自满，必然遭遇淘汰。

第四章
再绘"蓝图",力争步步领先

如果说"伪职业规划"更多体现自我的职业梦想,是一份草图,那真正的职业规划,就是人生必须锁定的发展目标,是要用真刀真枪一步一个脚印去拼杀出的人生"蓝图"。

如果说"伪职业规划"更多体现的是静态的"地图",那真正的职业规划必须"活"起来,动起来,立足岗位、立足企业、立足行业。

再绘"蓝图",就是要将"伪职业规划"转化为真正的"职业规划",让我们的职业规划活起来、动起来。

第一节 弄通规律做规划,立足全局谋"一域"

清朝的陈澹然,在他的《寤言二·迁都建藩议》中,留下这样一句话:"不谋万世者,不足谋一时;不谋全局者,不足谋一域。"

意思是指:一个人不能够立足长远来谋划问题,那他对眼前情况所做的谋划，就不足称道；一个人不能够站在全局的高度来谋划问题，那他对某一方面所做的谋划，也没有价值。用更简单的话语表达，说的就是"短视"和"狭隘"。

职业规划，作为对一个人的人生发展方向和价值实现方法的谋划，我们一定要立足长远，放宽视野。如果陷入到"鼠目寸光"和"蝇头小利"中，那就等于亲手给自己的人生挖了个大坑。

制定一份科学、系统的职业规划，我们就是要在弄通行业和企业运行规律的基础上，立足全局，赢下自己的"一域"。

一、理念与市场，抓住根脉定"方向"

个人从事管理岗位工作后，曾多次碰到这样一个问题：一名能力强，做事积极性高，看着很有前途的员工，在某个时间段，突然就懒散下来了。找来一问，除了个人特殊原因，最主要的，基本都是觉得公司和上司不公平，觉得自己在公司干了很多工作，可领到的薪水并不比别人多一分。公司每年评优，工作人员晋升，似乎也没有自己的名字。

员工的抱怨对吗？

"对！"针对这个问题，绝大多数人员都会这么回答。

可是，如果从自身发展角度来看呢？对吗！

显然不对。

一个人因为受到不公平待遇，从此懒散下去，毁掉的是什么？显然是自我的提升和职业前途。

一个员工，如果一直存在这样的心理，不管他去到任何企业，这辈子可能都不会有太大前途。

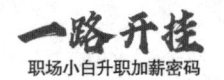

因为，从目前情况看，任何国家和社会，其治理能力和水平，都还达不到绝对公平的地步。

针对这样的员工，除了鼓励他们，我往往还会多问一个问题：你知道企业是怎么来的吗？

我告诉他们，企业其实和"家"一样。

在这个家里，有一位父亲，他的名字叫"经营理念"，有一个母亲，名字叫"行业市场"。他们生了一帮孩子，就是企业的各个部门。

在这个家里，母亲掌管着一切，包括我们的前途与命运。

父亲呢？

每天负责指挥一帮孩子，分工有序地问母亲要钱，谁在要钱方面所作的贡献大，父亲自然更喜欢谁。

所以，我们在公司工作，一定要谨记：从现实出发，大家比的并不是看谁干的活多，而是看谁要到的钱多；从长远来看，大家要比的，不是当前所拿到的薪水和荣誉多，而是谁在要钱方面的本领提升最快。

理念与市场，是职业规划的根与脉，也正是基于"理念与市场"这样一个特殊的"夫妻关系"，基于与我们工作岗位的"血缘关系"。

我们做职业规划，必须先厘清这个关系，找准自我的位置和任务。

1. 与企业经营理念保持一致，是个人迈过执行层面的关键

一个人的职业规划，是个人一生的发展规划，而发展基础，就是自己所在的企业。没有所在企业的平台，我们就不可能从一般性的工作人员走上管理岗位，又或者从一般技术人员变成技术专家，成为行业精英。

企业的经营理念，决定着企业发展的方向和方式，反映的是企业决策层的经营思想。如果我们不能让个人的发展理念与企业的经营理念保持

一致，就不可能成为一位优秀的执行者，更不可能在贯彻执行上去积极创新，获得一个完美的结果。反之，如果没有一个完美的执行结果，我们就不可能获得上司重视，从而获得发展和晋升的机会。

企业中，我们经常会看到两种失败者：

一种是年轻人，他们有远大理想，却不能脚踏实地干事，理想最终耽搁成了空想、妄想。他们觉得，造成这样的结果是因为遇到了一个糟糕的上司或糟糕的企业。

还有一种，是得到过发展机会的人，但随着企业的发展壮大，个人越来越被边缘化。他们觉得，造成这样的结果是因为企业老板不懂得感恩。

这两种人，都是因为个人的职业理想没能与企业经营理念保持一致。

让自己的职业规划理念与企业的经营理念保持一致，才会将企业的决策和指示作为个人工作的第一要务，在工作中坚决贯彻执行，高质量完成工作。

当然，如果我们认为企业的决策和上司的指示不对，也可以与上司深入沟通解决。沟通不成，也不能自暴自弃。我们始终要牢记，把握机会提升自我，实现的是自我的职业愿景，时间非常紧迫。

2. 与企业行业市场保持一致，是个人走上管理层的关键

市场是企业生存与发展的根本。企业发展，就是理念与市场碰撞的结果。

我们甚至可以说，企业存在的最大目的，就是获得市场的认可和喜爱，从而获得更大的收益和发展空间。

企业中，我们经常会看到这样一些情况：一些人，认为自己能力很强，但在公司工作好几年，却一直都得不到晋升；还有一些人，做什么事都很认真，但上司就是不喜欢。

为什么呢？

就是自己的职业规划，没能与行业市场保持一致。

第一种人，工作不懂得从市场出发，考虑客户和目标客户的感受，把一些与企业经营无关的能力当成工作能力。

第二种人，则是完全抓不住工作重点。

让自己的职业规划与企业的行业市场保持一致，就是要坚持效益优先，将自己的工作集中到服务于企业效益提升上来，将自己本领的提升，集中到有助于提升企业市场竞争力上来。

如此，我们的每一步晋升，对于企业来说，都能够达到帮助企业创造更多收益，何愁没有发展空间呢？

"理念与市场，个人职业规划的根与脉。"

说到底，就是我们按照"伪职业规划"设定的路径，在获得一定工作实践经验后，在做真正的职业规划时，必须遵循的根本原则。

如此，我们的职业规划，才可能是一份方向明确、思路清晰、重点突出、有具体抓手的高效的职业规划。

二、"六子"协力，把握全局谋"一域"

"不谋全局者，不足以谋一域。"

做个人职业规划，谋定个人职业发展蓝图，如何界定这个"全局"呢？

个人认为，它分为两个圈层：一是企业各个部门的运营情况；二是企业所在的行业的竞争情况。对于我们初步制定职业规划的人来说，只要了解第一个圈层就已经足够。因为，我们需要的"一域"，还处于企业中的"一域"。

具体而言，它其实是企业"营销、服务、生产、财务、宣传、人事"六大功能板块（又或是部门）中的一块。

企业作为一个整体，各功能板块相辅相成，缺一不可。在正确的理念（含战略战术）指导下，"六大板块"形成合力，则企业兴。反之，则企业亡。

我们的职业规划，必须建立在对"六大板块"充分认识的基础上，也就是要充分了解"理念与市场"这对"夫妻"生下的"六个孩子"，懂得他们的能力与性格，我们才能真正谋定自己的"一域"。

1. 营销板块，一个美丽的姑娘

营销是像火一样的姑娘，代表着温暖、美丽、激情。

营销之火熊熊燃烧，企业则兴旺繁荣，"求亲队伍"纷至沓来，门前车水马龙。营销做不好呢？企业就没有了收入来源，陷入无米下锅的窘迫，别人见了也会绕道走，团队只能作鸟兽散。

所以，作为一名企业里的工作人员，我们不管身处哪个部门，都一定要做到心中"有市场、有顾客、有营销"，经常且主动与营销部门沟通，为他们提供更有利于开拓市场的服务。

2. 服务板块，一个帅气的绅士

服务是像水一样的帅哥，代表着涵养、帅气、阳光。

服务如水，与营销之火相辅相成。在企业中，我们的营销部门，经常会发生工作"过火"的情况，点燃了顾客的"怒火"，引发顾客强烈不满。此时，就需要我们的"服务之水"进行灭火，以快速高效的方式防止事态扩大。

另外，服务部门，其本身就肩负着以良好服务，提升顾客忠诚度，留住顾客和把顾客变成企业"推销员"的责任。

正如一位彬彬有礼的帅小伙，让人看一眼，气就消了一半。

3. 宣传板块，一个性感迷人的熟女

宣传是像风一样的熟女，代表着性感、魅力、迷人。

宣传如风，具有无孔不入和巧捷万端的特征，既能聚焦顾客眼球，激发购买冲动，为品牌塑造助力，又能将营销的星星之火燎原。自然，如此一位魅力四射的成熟女性，必须洁身自好，不做虚假宣传，从而赢得消费者的青睐和口碑。否则，就会惹出一身是非，甚至让产品和公司臭名昭著。

4. 财务板块，一个睿智严谨的熟男

财务是像雷一样的熟男，代表着睿智、威武、魅力。

财务如雷，具有严谨无私的特征。在"六子"中，财务肩负着老大的责任。对内，"长兄为父"，是其他部门的依靠，既要管束好"兄弟姐妹"，不能花钱太多，又要在大家缺钱时来一场甘露，滋润大家干渴的心田，确保万物茁壮生长。对外，在公司缺钱的时，要能够融资。在公司应收账款难以收回时，还得从专业角度帮助兄弟姐妹们，震震债务人。

另外，还必须铁面无私，既要严于律己，又要严于待人，确保公司的每一分钱，都花得高效。

5. 行政板块，一个聪颖乖巧的少女

行政（人事、办公室、工会等）是像小池塘一样明艳动人的少女，代表着恬静、聪颖、乖巧。

在企业里，承担着防范和消除内部员工矛盾、怒火的责任，发挥着润滑剂的重要作用。对于企业财务、营销、服务等部门来说，她就像小妹妹一样，还是各个部门不可或缺的小助手，是大家的"开心果"。

比如哪个部门缺少人手了，帮忙招聘；公司上司层有新的决议，又帮助传达给各个部门等。

6. 生产板块，一个踏实勤恳的少男

生产是像小山一样沉稳的少男，代表着踏实、稳健、服从安排。

在企业里扮演着小弟弟的身份。比如营销部门需要什么样的产品，就会要求他们做什么样的产品；营销部门销售不完了，要求停产，他们又只能停产。财务部门呢？可以说他们浪费；服务部门又可以责怪他们产品质量问题等。这就会造成一种假象，生产部门仿佛总比人低上一等一般。

不过，俗语说，"皇帝爱太子，百姓爱幺儿"。

如果是在小企业中，那生产部门的地位又会很高，老板高度重视。

职业规划作为一个人从低职位向高职位，从普通员工向精英阶层迈进的发展规划，离不开某个部门的基础，更逃不出部门协作的漩涡。

如果我们不能把握企业各部门的运行规律，就会陷入部门运行的漩涡难以自拔。反之，如果我们弄清了各部门的运行规律，不管在哪个部门工作，都能清晰找到自己工作的重点和提升方向，快速赢得大家的认可和称赞。

如此，何愁不能快速高效地朝着职业理想迈进呢？

三、职业选择，问问自己是否真的愿意

"男怕入错行，女怕嫁错郎。"

要绘制自我的"职业蓝图",选择什么样的职业自然是根基。

结合职业规划综合考虑,我们可以理解为:选择自己的职业,与选择人生伴侣一样;对待自己的职业,也应该像珍惜人生伴侣一样。

因此,我们真正做职业规划时,可以这样问一句:

"你是否愿意这份职业成为你的终生职业?无论艰难困苦,或任何其他的理由,你都爱它,尊重它,珍惜它,永远对它忠贞不渝直至生命的尽头吗?"

扪心自问,如果你能欣喜地回答:我愿意!

那么,恭喜你,你终于找到了自己最佳的职业发展方向。

如果你的"我愿意"有些勉强,那是你向梦想妥协的结果,也请你一定要接纳它,爱护它。如果能够做到,说明你成熟了。

如果你是一个能吃苦有毅力去坚持的人,相信在不久的将来,一定可以创造不凡的成绩。

第二节 解剖"竞争",从胜利走向胜利

"一将功成万骨枯"。历史上,任何名将的出现,都离不开战场上血与火的淬炼。从士兵到小军官、到将军、再到大将军,是无数次战火淬炼的结果。他们的胆识,他们的满腹韬略,他们对全局的把控能力和危急关头的应变能力,都来自于战火的淬炼。

职场如战场,一个优秀经营者和管理者的出现,同样需要在一次次的企业竞争中淬炼。

竞争，无疑是我们需要把握的主题。换句话说，一个人的职业规划，如果连竞争因素都有没考虑进去，那这样的规划，也只能拿来测测自己的智商到底低到了什么程度。

一、知己知彼，从胜利走向胜利

知己知彼，百战不殆。千百年来，这句话一直被人们奉为经典。我想，就算当今社会，关于这个观点的正确性，恐怕也无人怀疑。

可是，如果我们反思一下：既然大家都信奉这句话，都觉得这句话的观点是如此正确，为什么没有都成为竞争高手呢？为什么不是所有人都在职场混得风生水起呢？

问题到底出在哪儿？

出在我们自己身上，出在没有弄懂"知己"和"知彼"的深意上。

1. 知己知彼，竞争从"修身"起步

说到"修身"，我们很多人就会想到，儒家"格物、致知、诚意、正心、修身、齐家、治国、平天下"的"内圣外王"理论。对吗？对！但是不全。儒家思想引领中国数千年，形成了一套完整的识人用人以及修身的标准，深深根植于中华民族的血脉。如："仁义礼智信，温良恭俭让，忠孝廉耻勇"。

与此同时，我们必须注意到，职场如战场。从古至今，我们历史上的伟大军事家们，也留给了大家诸多宝贵的财富。如：《孙子兵法》中提出的将领标准："智信仁勇严"；《六韬》中提出的"仁义忠信勇谋"；《吴子兵法》提出："理备果戒约"等。

修身是我们强健自身的第一步，也是我们进入职场竞争，能否实现人

生价值和受到社会认可乃至尊重的基础。自然，它也是我们职业规划的重要内容，是我们在职业发展路途上，不走上歪路邪路的保障。

立足职业规划，我们可以把需要重视的修身内容归结为以下几点：

一是儒家五常，"仁义礼智信"。结合时代特性，我们可以解读为"宅心仁厚、共建共享、有礼有节、能谋善察、诚实守信"。这是我们日常生活，必须具备的道德标准和基本素质。

二是儒家五美，"温良恭俭让"。结合时代特性，我们可以解读为"待人热情、处事善良、尊重他人、懂得节制、大度有容"。这是我们待人接物，必须具备的道德标准和基本素质。

三是儒家五品，"忠孝廉耻勇"。结合时代特性，我们可以解读为"忠于职守、知恩图报、廉洁自律、过而知耻、做事果敢"。这是我们干事创业，必须具备的道德标准和基本素质。

四是兵家理论："严谋理备果戒约"。结合时代特性，我们可以解读为"做事严实、足智多谋、有条有理、常备不懈、行事果敢、不骄不躁、制度简明"。这是我们管理团队、制定战略战术、开展竞争必须具备的基本素质。

职场上，我们经常会见到这样一些人。他们工作能力强，有技术、工作思路清晰，但不管大小会议，只要他一开口，大家就忍不住摇头。当然，公司在选拔管理人员时，也不会有他的名字。

为什么？

原因就在于"修身"不够。他们不懂得与人相处之道，说话不得体，不懂礼貌和尊重别人，令人生厌。

竞争从"修身"开始，简单理解，就是个人的品行、做事风格和能力，是赢得职场竞争的重要因素，是我们职业规划"蓝图"上的一块重要拼图。我们做职业规划，必须将个人修身作为重要内容加以落实，并且贯彻到自己的整个职业生涯当中。

2. 知己知彼，竞争以"差异"破局

很多年前，我与一位小同事出差。高铁上，他对我说："哥！如果不是你在公司，我可能早就辞职了。"

"为什么呢？"他的话让我有些吃惊。

在我心里，他其实不属于那种能力拔尖的员工。平时工作，也都是中规中矩的样子，公司的什么活好像都能顶一下。打印机坏了，他能帮忙弄弄；设计人员不在，他也能帮着处理几张图片；文字类的工作呢？也可以马马虎虎凑个数。说句心里话，就专业水平来看，他如果辞职，我真没觉得能找到什么更好的工作。

他想了想，又说："我现在其实挺矛盾的。在公司上班，和你一起做事，感觉能学到很多东西。可是，再想想吧，我毕业都已经五年了，一直在这家公司待着，一点变化都没有。"

"想过什么原因吗？"

"想呀！可想来想去，也没想出什么好办法。我有点想去外省打工。在这里吧，同学太多。一个月发一次工资，都还没在荷包揣热呢，大家约着聚几次就花完了。你说不去吧，别人会说你拽。去吧，钱又受不了。"

"你觉得去外省就能存钱吗？"

"我想应该能吧。我现在是真想存点钱。在外面吧，找个班上，如果工资不高，我晚上就去摆个地摊，卖点东西什么的，总能存些钱吧。在这里呢，我要是去摆地摊，同学看见了，会觉得很丢人。"

他的话让我忍不住笑了起来，然后道："你摆个地摊，怕同学看见丢人。可你到外省去打工，摆个地摊，就不怕同事看见了丢人吗？按照你的想法，这不是丢人丢到外省去了吗？"

"这……"

他似乎从没想过这个问题，一时之间竟然答不上来。

我瞧着他的样子，又笑了笑说："你其实不是挣不到钱，最关键的，是你的观念出了问题。我首先想批评你的是，你脑袋里没有竞争意识。你认为自己多上几年班，老板就该给你升职加薪了吗？你看看外面那些工厂的工人，有干了一二十年都没升职加薪的。我们公司虽然不是工厂，但都是企业，在升职加薪上，完全一样。"

"那我应该怎么办呢？"他有些茫然。

"给你个建议吧。你呢？也别想着去摆地摊了，先花时间思考一下自己想干什么工作。然后呢？利用晚上和周末时间，去报个什么班提升一下。记得，一定要学到真本事。多上网看看，外面是什么水平。你必须要在竞争中有优势。另外还有一个建议，你看看公司哪个板块比较弱，又或者，下一步需要什么人才，结合一下。'近水楼台先得月'嘛。"

"你这个建议好是好，可我没钱呀！"

"你有钱！"我笑了笑说："你现在不是每个月都和同学聚餐喝酒吗？花不少钱吧。等你报名学习了，哪有时间和他们聚会？钱不都省下了吗？再说了，如果你没钱交学费，就去和老板好好说说，预支几个月的薪水。等发工资时，每个月扣点呗。5年的老员工了，我看老板也不是那么抠的人。"

"好像还真是这样哈！"他听罢笑了起来。

没过多久，他就去报了个软件工程师的学习班，还一边学习设计。后来，他还请学校的老师一起帮忙，把公司的展会做到了线上，深受参展商的喜欢。老板呢？不仅把他借的学费作为奖金给了他，还给他升职加薪了。

职场是战场，处处都是竞争。职场上，我们还经常听到这样一句话：要立足全局进行思考。

什么意思呢？

意思很简单，全局是"局"，如果我们看不懂"局势"，不能够"破局"，那下一步，就一定是"出局"。

所以，我们做职业规划，一定要实现差异化，找到企业的需求点。否则，我们就将陷入"错位竞争、服务竞争、低价竞争"的泥潭。别人上白班，你天天上晚班；别人下班休息了，你还跟在上司屁股后面提包；别人拿高薪，你还要考虑是不是去摆个地摊养家糊口。

3. 先彼后己，别让自己沦为竞争的冤魂

从"知彼"到"知己"，是制定职业规划的前提，其关键在于"先知彼"才能"后知己"。

所谓"先知彼"，我们需要知道：职业目标行业的发展前景和方向、行业市场的需求、行业目前的整体情况和竞争情况、行业企业特别是优势企业各部门运转的方式和特点、行业精英情况、自身所处企业的主要竞争对手情况等，并在此基础上找到自身所处企业或目标企业的发展机会。

所谓"后知己"，我们需要知道：自身所处企业的核心竞争力和短板（包括发展方向、现有客户和目标客户的需求、机构设置、管理制度、技术运用、人才能力等），需要知道个人优势和短板（包括个人的分析理解

能力、判断能力和执行能力、上司能力和思想素养），并在此基础上找到自身发展的机会。

一家优秀企业的崛起，必然是企业找准和抓住发展机会的结果。一个人要在职业方面取得好的成就，同样需要找准和抓住自身发展的机会。

先熟悉"战争"，就是我们要把工作当成难得的"学习实践"机会，在工作和学习中做到"知己知彼"。

机会只会给予有准备的人。职业规划，就是要让自己成为一个时刻都准备着并且准备好的人。

二、守正出奇，从胜利走向胜利

《孙子兵法》在论述战争胜负的时候，有一句非常关键的话："以正合，以奇胜。"

结合职业发展，我们可以这样理解：以职业愿景为导向，不断提升自我的过程就是"正"；抓住每一个发展机会，果断出手，就是"出奇"。

1. 守正，在于守住不败的底线

职业规划的路径，是一个从普通员工走向优秀员工，再走向精英的过程。每一个阶段，都有不同的能力要求。

守住不败的底线，就是不断提升自我的能力。其中，管理能力，又是各项能力的基础与关键。

但凡读过管理学书籍的人，都知道管理的四个职能：计划、组织、领导和控制。

管理是一门人与事，与行业乃至社会相融合的艺术。

一个人所处的思想境界不同、行业认识深刻程度不同，都会在管理效果上出现偏差。

也正是这个原因，我们需要在有一定工作经验后，将其融入职业规划的"草图"，才能使"草图"一步步进化为"蓝图"。

提升个人的管理能力，可以从以下两个方面出发：

一是要捋清"干什么、怎么干、干得怎么样"的工作步骤。

"干什么"是目的，"怎么干"就是计划、组织、上司和控制，"干得怎么样"是反思，是检验我们管理能力的方式。

通过反思找到我们在"计划、组织、上司、控制"方面的不足，进一步去调整，就是提升自我的管理能力。

二是要把握"分与合"的工作方式。

孙子兵法说："治众如治寡，分数是也。"

用在企业管理上，可以理解为，我们要统筹好一个复杂的项目，首先就要懂得按照规律分工。分工明确到位，管理复杂的项目，就会变得和管理简单项目一样轻松。

"分"就是对我们计划和组织能力的考量。

所谓"合"，指的就是要让分工后的各个工作单元实现无缝衔接，即"接口管理"。

"合"考量的是我们的上司和控制能力。

守住不败的底线，就是要充分利用每一项工作，利用参与的每一个项目，通过"分"与"合"的方式，通过"干什么、怎么干、干得怎么样"的工作步骤来提升自我。

工作的事情再小，只要我们有意识地去锻炼自己，依旧可以从中得到管理能力的锻炼。

企业的事情再大，其实也逃不出管理的逻辑。

当我们的管理能力不断提升，工作自然就会越干越优秀，自然就守住了不败的底线。

2. 出奇，时刻做好抢抓机遇的准备

理解"出奇"，我们首先要理解"企业经营"。

企业经营是干什么？

核心就是围绕"开源"和"节流"做文章，做出更大产值和利润。

出奇呢？

自然就是要围绕"开源"和"节流"，想办法把产值和利润不断扩大。

因此，必须时刻做好抢抓机遇的准备，此时可以从两个方面着手：

一是围绕企业找痛点。在企业里，任何一个人的职业愿景目标，都是以所在企业为第一环境，立足于自己的岗位不断发展进步。

个人的发展进步过程，就像不断"破圈"，从小溪到江河，再到大海。

围绕企业的痛点找到出奇的机会，就是一个快速彰显自我优秀之处，懂得并且能够抓住重点的过程。

将"围绕企业找痛点"植入我们的职业规划，就是要让我们的职业规划路径更细，更明晰。

从具体实施路径和方式来看，可以按照从小到大的顺序排列：围绕工作岗位找痛点，围绕部门找痛点，围绕企业找痛点。

围绕岗位找痛点，就是我们不仅要干工作，而且要对我们的岗位工作进行深入思考，找出堵点、痛点并想办法解决它。通过这样的方式，不断提升自我工作的效率。

围绕部门找痛点，就是我们要站在部门经理的位置去思考，发现部门运转上存在的堵点和痛点。这也算是我们在思维上的第一次"破圈"。

围绕企业找痛点，就是要站在企业负责人的角度去思考，发现企业运转中存在的堵点和痛点。

当我们能够站在企业负责人的角度思考和解决问题，我们其实就已经开始积累经营公司的能力和才华。

对于一般员工来说，与他们的竞争就等于赤裸裸的降维打击。出奇制胜，不过是手到擒来而已。

二是围绕行业找机会。围绕行业找机会，原本应该是企业负责人或各部门负责人的岗位工作。

将其列入到我们的"蓝图"规划中，是因为我们每一个人的职业愿景目标都会处于行业中的某个位置。一个人要实现自我的职业愿景，成为行业领域中的精英，必然需要打破企业的藩篱，进入到行业竞争中。

从具体实施路径和方式来看，可以分为：围绕技术创新找机会，围绕产品营销找机会，围绕商业模式找机会。

围绕技术创新找机会，就是要时刻关注重要技术的出现和运用，特别是行业相关的技术。这是每一个职场人士弯道超车最快的方式。同时，我们还要重视新技术的开发，特别是立足岗位工作，从技术角度进行创新，不断提升工作效率。

围绕产品营销找机会，就是要密切关注企业的核心竞争力，将企业的产品与市场上的竞争或替代产品作比较，将产品的功能价值与顾客或潜在顾客的需求对标对表，找到新的营销战术，帮助企业增加产值和利润。

围绕商业模式找机会，则是从全局角度思考企业经营管理模式的行为，是对企业发展模式的思考，处于企业战略布局层面。这就要求我们对行业，乃至对多个行业商业模式都有较深研究，才能在此基础上找到新的发展模式。

如果我们能够按照这样的思路去开展工作，去学习和积累，我们将会发现很多更有利于企业成长的机会，并且能够抓住机会推动企业发展，进一步成就自我的职业梦想。

3. 守底线，才有机会出奇招

在企业经营管理过程中，"守正"与"出奇"虽然是相对概念，但它们却相互依存和交织在一起，互为阴阳。

在我们的职业规划中，一定要高度重视"守正"与"出奇"，纵然我们所在的公司不尽如人意，纵然我们身边的上司、同事不尽如人意，我们依旧能够不受环境影响，朝着既定的方向不断前进。我们依旧可以拥有强大的能量，为个人的进步提供源源不断的动力。

唯有如此，我们才能真正从胜利走向胜利。

三、快人一步，从胜利走向胜利

"不积跬步，无以至千里；不积小流，无以成江海。"

个人的职业生涯，是一个持续而又漫长的过程。在日常生活中，很多让人看不起的小差距，在不断的量变过程中，很可能成为触发质变的重要因素。

1. "快人一步"真解，做早出发的"千里马"

每次说到快人一步，大家首先想到的，是时间与速度。

可是，职业生涯并非一场有规则的短跑赛事。相反地，没有人关心你跑还是不跑，前进还是后退。没有人真正关心你跑得慢或者快，甚至连赛道也是阡陌相通的形状。

半路杀出个"程咬金"不奇怪，半路不杀出"程咬金"才是真的稀奇。

换言之，没有规则，就是职场比拼中最大的规则。

我们需要记住的其实非常简单：

一是早立志、早筹谋、早出发。职场赛道，没有统一的起跑时间，也没有具体的终结时间。或者说，我们从出生开始就进入不同的起跑时间，死亡，才是真正的终结时间。最大差异，就是发力时间和方式。

职场比拼，没有统一的起点，也没有具体的终点，最终的成绩，以最后停下的那一刻进行计算。

职场比拼，是一场加速运动，跑在前面的人，所获得的加速度越大。这就像企业的管理层和普通职员，各自所获得的薪水、资源完全不在一个层面，差距越大，追赶的难度也将越大。

早立志、早筹备、早出发，先人一步赢得发力时间，赢得职场加速度，才是真解。

二是做职场上的"千里马"

千里马最大的特点是什么？不是跑得快，而是能够合理分配自我的体能，持之以恒前进。

同样，身处职场，我们最需要担心的不是自己跑得不够快，不够优秀，而是自己不能合理运用"体能"，持之以恒，厚积薄发。只要我们不在半路停下或者放慢速度，又或是选岔了道路，我们就一定会不断前进。

2. 理解"毫厘之差"的真意，成为职场冠军

职场上"快人一步"从何而来？更好的工作方法、更合适的职业路径、更努力地工作……

关于这个问题的回答，我们可以拥有无数答案。但是，最核心最基础的，那就是：每天超越别人一点点。

每天比别人多进步一点点，与别人的差距就会不断缩小，然后就是超越，再然后就是把别人远远抛在身后。

一是职场信心源于每天的进步。如果说一个人从未有过梦想，这句话说出来，可能谁也不会相信；但是，为什么放弃梦想的人那么多呢？答案是信心崩盘。

举个简单的例子：我们去往一个从未去过的地方，总会感觉路途很远。如果道路崎岖，还需要步行的话，很容易就会放弃了。反之，如果我们是从那个地方回家，可能感觉很快就到了。路程完全一样，差别为什么那么大呢？其实就是我们的信心在作祟。

职业生涯，就好比这条出发的路，一条崎岖不平，其实并不遥远，但却很容易让人放弃的路。

我们必须做好心理建设，懂得每走一步，都会离目标更近，我们才会走得很快乐，走得越来越有信心。

二是差之毫厘谬以千里。有这样一则故事：一家企业里，晋升了一位办公室主任。她的竞争对手非常不服气，去找上司理论。上司呢？很快就把被晋升的员工叫来。上司说有两位重要客户要来，请他们分别安排一下。

不服的员工出去了一小会儿，很快便回到上司办公室汇报，说已经联

系了公司的驾驶员负责接送，并与市中心最好的酒店联系，晚上安排他们在酒店高档餐厅吃饭并入驻酒店。

汇报完，她觉得自己办事效率很高，很自信地望着上司。

上司则让她一起在办公室等着。

过了一会儿，新晋升的办公室主任来了。

她说已经向公司营销部的人了解过，这位客户腰椎不好，所以安排驾驶员接送的时候，给客户带上一个腰枕。她还联系了这位客户的秘书，了解到这位客户很喜欢吃各地的特色美食，所以她在一家高档特色酒楼订了餐。她还向客户秘书了解到，这位客户订了第二天早上6点多钟的班机，要去另一个地方，所以她与对方秘书商量，在机场旁边的酒店订一个房间……

听完她的汇报，不服的员工低下了头。

差距在哪里？

就在一个又一个的细节上。

取胜的关键在哪里？

同样在一个又一个的细节上。

3. 随机应变，把握取胜契机

人在职途犹如行军，稳打稳扎固然重要，但面对各种艰难险阻，面对稍纵即逝的机会，随机应变的能力同样非常关键。

人在职途，其实很难一帆风顺，顺心顺意。

比如：我们的能力虽然已经达到了晋升的标准，可是，公司并没有相应的岗位空缺。

又或者：我们碰到了一个处事不公的上司，处处刁难和打压我们，不给我们任何出人头地的机会。

还有：我们所在的公司因为缺乏竞争力，已经面临破产。

……

我们该怎么办？

唯一的办法：随机应变！

我们要对遇到的困难进行深入分析，真正弄清楚原因是否正如自己所想。如果公司发展的速度很快，我们就不用担心缺少岗位。如果上司对其他下属都比较好的话，我们可能要反思是否自己身上存在问题……

当我们找到原因后，就能拿出应变的办法。

遇到"拦路虎"，我们除了"打虎"，还可以选择绕道而行。

遇到"死胡同"，我们完全可以换一条赛道，甚至凭借自己的积累，选择一条更为开阔的赛道。

把握取胜的契机，就是要在不断提升自我能力的基础上，不拘泥于形式抓住快人一步的机会。

第三节　千锤百炼，成功源于烈火淬炼

2020年底，我请大学时的一位老师吃饭。他是为数不多，很有成就并且深受学生尊重的教授，曾给过我很多指导和帮助。他在饭桌上发出这样的感慨："现在的学生啊，聪明的很多，但是，聪明又肯花笨力气的实在太少了！"

作为一位希望能够培养出更多人才的教授，作为一位不希望学生耽误

自己前途的老师，他的话，可能存在期望值过高的地方。但是，作为过来人，他看到的更多是人进步和成长的基本规律——聪明+勤奋。

学校如此，职场更是如此。

试问，哪一个身处上司岗位的人，会不喜欢勤奋好学的下属呢？会不期望自己喜欢的下属能有一个好前途呢？

精英是从烈火中淬炼出的英雄，是"宝剑锋从磨砺出，梅花香自苦寒来"的践行者。

一、心态修炼，光环=才华+吃苦受罪

步入职场，我们就进入了一个全新的环境。在这个环境里，我们不能只是怀揣梦想，更不能仅凭一腔热情做事。工作技能要学，工作方式要学，为人处世要学，职场规矩也要学，甚至我们所说的每句话，都要认真思考。

这些都是职场专业课。只有精通了这些专业课，我们才能做到"梦想"与"现实"齐头并进。

我们保持不了这种平衡，就会迷失在职场的丛林中，梦想肯定就会狠狠给我们一巴掌，现实再狠狠补上一巴掌！

1. 未入职场，先给自己开场"苦尽甘来"的内心动员会

任何职业愿景的实现，实质上都是一场成功的逆袭。如果我们不想在职场上吃苦，生活往往就会给人灌上更多苦水。

社会发展日新月异，专业新技术层出不穷。在海量的知识面前，我们永远都只是一个幼儿园的新同学。

给自己开一场"苦尽甘来"的内心动员会，就是要让自己以更好的

心态步入职场，懂得以"空杯心态、主动心态、高质量心态、开放心态"去迎接并且赢得职场上时刻面临的种种挑战，树立起"只要不怕苦，干死'拦路虎'"的强大信心。

2. 步入职场，困难是才干的磨刀石

战国时期，孟子在他的《生于忧患，死于安乐》一文中写道："故天将降大任于是人也，必先苦其心志，劳其筋骨，饿其体肤，空乏其身，行拂乱其所为，所以动心忍性，增益其所不能。"

从大的方向说，我们可以理解为：一个人要取得一番成就，必然要经历常人所不能忍的磨难。

从小的方向说，可以理解为：一个人要获得成功，首先必须要磨练出坚定的心志；其次是要磨练出坚韧不拔的性格；其三是要磨练出处理复杂事务的能力。

具体而言，可细分为：

（1）在脏活累活中，磨炼自我的心志。

（2）在勇挑重担时，磨炼自我的韧劲。

（3）在直面困难时，磨炼自我的才干。

如果我们拥有了这样的职场心态，并且付诸行动。那么，我们才会走进上司选拔人才的视线。

3. 职场"光环"，必须由"才华+吃苦受罪"点亮

"台上三分钟，台下十年功。"

看看每个行业里的专家们，谁不是苦心研究几十年，才得以硕果累累，惹人羡慕。

看看颁奖台上的冠军们，星光熠熠，可那聚光灯后的身影，又曾挥洒

了多少汗水，承受了多少伤痛。

看看那些知名的艺术名家们，谁的背后，又没有几十年如一日的坚持和艰辛！

……

职场"光环"，必须用"才华+吃苦受罪"来点亮。

作为职场人士，这既是必须懂得的硬道理，又是必须坚守的心态。

二、行为修炼，"拼爹<拼命+持之以恒"

许多年前，我们初次听到"拼爹"一词，它还属于"贬义词"，因为这个词每次出现，总会带出一个"纨绔"和"败家公子"的故事。

可今天，"拼爹"一词已经开始中性化，甚至成为许多人的羡慕点。

因为越来越多拼得起爹的人，已经用自己的优秀证明，他们不仅拥有更高的起点，还能够很努力地去提升自我的才华。

职场是残酷的。

有时候，就连我们自己都忍不住感慨：理想越来越"贵"，真不是简单的付出就能"买得起"！

不过，事在人为。

只要理想不灭，坚持行动，未来一定可期。

1. 拼爹只是起点，拼命才是重点

许多年前，我曾有个项目上的合作伙伴。因为家里穷，他初中没毕业就外出务工。足足打了十多年工，他才存钱在老家修了一套平房，娶了媳妇。

老婆怀孕后，他的经济压力巨大。思前想后，他独自背上背篼到省城

打零工，帮人背东西挣钱。

由于年轻力壮，又肯吃苦，他很快得到工地负责人的赏识。

工地有活的时候，工头都会打电话叫他干。

他呢？每次干活，都会把力气大、人又勤快的工友电话留下，慢慢地，组建起了一支很有"工作效率"的背篼大军，成了行业里的"背兜王"。

我认识他的时候，他已经在省城买了7套房子、3个门面，还组建了自己的装修公司。

他把一家人都接到了省城，老婆还单独开了一家洗车场。

拼爹只是起点，起点低并不可怕，关键是敢于"拼命"，并且懂得怎样去"拼"。

身处职场，我们可以没有过硬的后台。因为，过硬的工作能力，就是自己最坚硬的"后台"。

2. 职场没有终点，速度才是重点

职场上，最让人丧气的话，莫过于：别人的起点，是我们奋斗一生也不可企及的终点。

职场真的有终点吗？

答案是：没有。

职场上，所谓的终点，实则是我们自己的"双腿"。我们的脚步在哪里停下来，哪里就是终点。

我认识一位大型建筑企业的总工。他初中毕业时，因为家庭条件不好，选择上了一所中专学校。他说自己希望早点上班，能给家人减轻负担。但他与其他同学不一样的是，他从来不认为自己中专毕业就拼不过大学毕业生。

他一边上学，一边考试，没毕业就拿到了"建筑预算师、造价工程师"等多个职业资格证书。

当他的高中同学大学毕业时，他已经在公司担任经理职务了。

再后来，他一边工作一边学习，拿了好几个硕士学位。

职场没有终点，速度才是重点。

虽然，一个人的职业征途不是百米冲刺，憋着一口气就能冲出一个冠军。可一个人要在职场上取得优异成绩，不仅要跑，而且一定要跑得比别人更快。

只要我们能够立足岗位，兢兢业业干工作，持之以恒干工作，就一定能干出自己的特色和亮点，未来必然可期。

三、成长之道，"精英=短板弥补+工作创新"

19世纪末20世纪初，意大利经济学家帕累托发现：任何一组东西中，最重要的只占小部分，约20%，其余80%都是次要的，俗称"二八定律"。

行业精英是谁？

行业精英就是行业里20%的优秀人才，他们挣走了行业里80%的钱。

行业精英就是每一位企业老板，都愿意用钱和高管职位把他们砸晕，然后弄到自己公司的人。

行业精英是我们的学习榜样。

1. 个人成长，对标精英找准差距

2009年，我给团队做内训，讲到"找差距、补短板"的内容时，曾碰到这样一种情况：

有人说:"差距我知道呀!但是短板补不了。D某业绩好,那是因为他能喝酒。陪客户,他一顿可以喝下3斤53度的白酒。我呢!半斤就得吐。如果像他那种喝法,我可能见不到第二天的太阳。这个短板,怎么补?"

有人说:"我觉得C某业务做得好,是因为她长得漂亮,天生就有吸引客户的资本。"

有人说:"B某业务做得好,是因为他家里有钱,能够经常请客户吃饭维系关系。"

……

这是找差距吗?

肯定不是。

这是找借口、找不痛快。

面对精英找差距,我们要做的是,把"精英"当成参照物,找出个人职业发展前途支撑点上的不足。

对标精英找差距,学习行业精英的"职业理念"。个人理念是自我经营的核心思想,是自己行为方式的驱动力。找差距,就是要找出自己与行业精英在职业观、工作价值观、工作态度等方面的差距。向精英学习,就是要博采众长,找到自我提升的原动力。

对标精英找差距,学习行业精英的"平台巩固"。平台的坚实程度,决定着职业大楼建设的高度。找差距,就是要找出行业精英的支撑点。"一道篱笆三个桩",我们要找的就是支撑精英的"桩"。比如,他们有哪些合作资源和公司资源等。补短板,就是要弄懂他们是通过什么方式积累资源,怎么运用资源,自己再找出更快巩固平台的方式方法,在速度和质量上超越他们。

对标精英找差距，学习行业精英的"职业投资"。一个人，没有平白无故的成功。一个行业精英的背后，都有着一场成功的职业投资。我们要对他的投资内容和方向加以分析。比如：他们是不是经常请人吃饭，请哪些类型的人；他们是不是在学习上花了很多精力，通过怎样的方式学习等。我们对投资效果进行深入分析，然后给自己制定更优的职业投资计划。

对标精英找差距，学习行业精英的"工作成效"。一个人的工作成效就是一件"产品"，最佳效果是"品牌大、质量好、速度快、利润高……"我们在面对精英找差距时，就是要对他的"生产方式"和"生产理念"进行分析，找到他们满足客户需求、效率又高的方式。然后，结合自身优势和条件，创造出适合自己并且超越他们的"生产"模式。

对标精英找差距，学习行业精英的"自我营销"。任何一个行业精英，都是行业里的IP。一个IP的出现，必然存在一个自我营销的方式和过程。我们要想成为这样的IP，就得紧盯精英找差距，立足支撑个人IP的"产品、价格、渠道、促销方式、服务"等，积极创新，以最快的速度，拉近个人与行业精英间的差距，一步步提升和超越。

对标精英找差距，学习行业精英的"自我宣推"。行业精英声誉和影响力的形成，绝非没有缘由和一蹴而就，背后都有一些直接和间接的宣推模式，即达成声誉和影响力的方式方法。比如别人是通过什么渠道知道他，获大奖、参加节目，还是口碑相传等。还有，别人认可他的是什么？技术高超、管理出众，又或是业务能力强等。我们必须要找出真正的核心和规律，与自己比较，进而创新出更适合自己、更有效的方式和路径，快速成长。

对标精英找差距，学习行业精英的"服务模式"。企业的服务能力，是赢得顾客、留住顾客、塑造良好口碑的关键和核心内容。职场人士，服务意识和方式方法，同样如此。面对精英找差距，就是要向精英学习他们的"服务理念和方式"，创新打造自我具有行业先进性的服务模式，成为自我成长的重要支撑。

对标精英找差距，学习行业精英的"人际交往"。一个人的时间是非常有限的，如果我们在"无效社交"上花费太多时间，必然影响个人成长。面对行业精英找差距，就是要向行业精英学习如何开展"有效社交"。学习他们如何有效分配自己的社交时间，与不同群体的谈话方式和内容。在此基础上，结合自身实际情况，作出更有效的社交规划和社交策略。

差距出来了，我们的"短板"就找到了，补短板的方向就有了。

2. 个人成长，熟能生巧做创新

上MBA的时候，我的老师曾说过一则故事：

有一家大型生产企业，在采用机器包装的时候，很容易出现空盒情况。这个问题对公司形象的影响非常大，经常有经销商和顾客投诉。

对此，公司也采取人工检查的方式做过一段时间，但成本非常高。

企业老板觉得这个问题很严重，请了很多机械专家研究解决办法，钱花了不少，但问题一直没能解决。

无奈之下，老板"死马当作活马医"，在公司搞了个悬赏：谁要是能解决这个问题，奖励10万元人民币。

让老板深感意外的是，第二天，就有个包装工人把问题解决了。

工人找来一把大风扇，把风力调好，使劲对着流水线上吹。装了产品的盒子比较重，一个个稳稳当当地立在流水线上。空盒子呢？风一吹，全都飞到了流水线外。

身处职场，我们一定要时刻保持创新意识。

小办法，往往能够解决大问题。说到底，精英之路，往往就是从创新开始。如果我们在工作中能够进行主动思考，不断创新，必将得到快速成长。

3. 不断创新，精英就是持续超越的新奖励

"吃得苦中苦，方为人上人。"

这句格言，无人不知。可是，真正把这句话种进脑海，让其生根发芽，甘愿去亲身践行的人，却少之又少。

为什么？

一是各行各业，精英毕竟只是少数；

二是精英席位，其实都有人把持着，我们在进步的同时，精英也在进步。我们要想进入精英序列，没有禅让也不可能通过选举产生，只能是战场上最为残酷的拼杀；

三是人的生命是有限的，谁也没有那么多的时间让自己成为职场上的"千年老妖"。

种种因素，注定了每个精英的成长都会经历"九九八十一难"：破解难题、再破解难题；创新、再创新、持续创新……

唯有持续创新，才能不断超越。

也唯有不断超越，才能后来居上，进入精英序列。

甚至唯有不断超越，才能稳坐精英位置，不至于被后浪拍死在沙

滩上。

精英就是经得起千锤百炼的英雄,唯有经得起千锤百炼,才能实现"凤凰涅槃"。反之,如果自身不够硬,一锤就被砸晕了,砸得失去自信了,那就只能在一锤又一锤的打砸中堕入职场最底层。

尘归尘,土归土。

第三部分
优秀员工，如何在短时间炼成？

优秀员工不是自己说了算，评判的笔在谁手上，标准就在哪里。评判的人需要什么，我们就要强化什么。千万别耍小聪明，小聪明永远和笨蛋画等号。一切自以为聪明的举措，最后都只是无知的另一种表达。

1981年，杰克·韦尔奇接手通用电气，马上做了两件事。第一件事，就是撤掉公司2万名员工，企业股票上涨。半年后，他通过绩效评估，又撤掉2万名员工，企业的股票再次上涨……

杰克·韦尔奇作为通用电气（GE）董事长兼CEO，在位20年时间，GE的市场资本增长30多倍，达到了4500亿美元，排名从世界第十位提升到第一位。2001年9月，他退休时，被誉为"最受尊敬的CEO""全球第一CEO""美国当代最成功最伟大的企业家"。

一个伟大的企业家，为什么会裁掉那么多的员工？显然，企业有企业的生存和发展法则，有自己的生态系统。

那些被辞退的人，都是在企业内部生态系统中，被"老虎"吃掉的人。

归结为一句话：要在企业好好生存，不够优秀真的不行！

第五章　尽职尽责：优秀员工的三大能力素养

身处职场，每一个岗位都有自己的岗位职责，只有每一个岗位都充分发挥了应有的功能，企业才能运转良好。同样，每一份工作都是对自我的挑战，只有发挥出每个人的主动性，才可能把自己的岗位职责履行好。

可是，工作中，我们经常会碰到这样一些人，他们在工作失误时，在工作质量不高时，甚至在迟到早退时，都会有各种各样的理由和借口。譬如：

"他们没和我说过这个事，我不知道。"

"我以前从来没有做过这个事情，不会做。"

"我很忙；我家里有事；我手机闹钟没响；我笔没有墨了。"

企业能够容忍这样的人吗？

肯定不能。

尽职尽责，是每一个优秀员工的基本素养。

我们也只有懂得做什么，怎么做，主动做，想尽办法按时且高质量完成，才可能真正成长为一名优秀的员工，为我们的职业生涯，创造一个光辉灿烂的明天。

第一节　执行能力，失败的唯一理由是自己不够优秀

2001年，我一边上学，一边在某杂志社实习。有一天，主编交给我一个工作任务，为一家茶业企业做一份项目计划书。

作为一名尚未正式踏入职场，且对茶产业一无所知，甚至连项目书长什么样都不知道的人，这个任务，无疑是"狗咬刺猬，无从下嘴"。

我没有拒绝这项工作，很快就去查阅资料，三天后，拿出一份项目书的大纲和一些需要收集的资料，并把自己找不到的资料列了一张表，送到主编手中，请主编给予帮助。

第二天早上刚上班，我就接到主编电话，让我去他办公室。

主编已经把资料看完，并且做了不少修改和调整。他夸我干得不错，并亲自带我前往好几个管理部门去搜集缺少的资料。

交稿的时候，企业很满意。

晚上，杂志社举办了一次小型的庆功会。会上，主编不仅给我发了一个红包作为奖励，还当众宣布，等我毕业后，如果愿意随时可以来杂志社上班。

一个人的潜力是无穷的，只要我们坚持不懈，想尽一切办法，往往就能把不会干的事干成，甚至干出远超预期的效果。

执行能力，简而言之，就是想尽一切办法高质量完成工作的能力，其中包括一个人完成工作的能力和协调整合内外部资源力量共同完成工作，并且达成工作目标效果的能力。

一、借口是摧毁"千里之堤"的"蝼蚁"

经常喜欢找借口的人，总以为自己的理由很充分，殊不知，企业的经营管理人员，只需要问出"该不该"三个字，一切借口就无所遁形。

比如：没有完成工作，借口是电脑坏了！

电脑坏了，真是没有完成工作的关键吗？答案是否定的。问的关键是，我们该不该完成工作。今天的社会，我们真的只有一台电脑可以工作吗？

上班经常迟到，借口是堵车！

堵车是问题的关键吗？同样不是。问题的关键是该不该迟到。因为，我们上班的出发时间，完全可以受自己控制。

工作中出现问题了，借口是不知道！

不知道是关键吗？更加不是，关键是"该不该知道"。身处岗位，如果我们连自己岗位该做什么，该怎么做都不知道，那就可以直接走人了。

借口是什么？

简而言之，借口就等于一个人想尽办法把自己的前途毁了，却还在心里沾沾自喜，觉得自己很聪明。

撕开借口的面纱，我们立马就能看见，那其实就是赤裸裸的"懒惰、推卸责任、不思进取、不敢担当、不负责任……"

借口是摧毁"千里之堤"的"蝼蚁"，轻者，其毁掉的是自己的进步

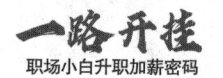

和发展前途，重者，毁掉的将是一个团队的执行力乃至整个企业的发展根基。

1. 借口是"公平公正"的"破坏因子"

"不患寡而患不均。"这是《季氏将伐颛臾》中的一句话，也是管理工作中的一句至理名言。字面意思为："不怕东西少，就怕分配不均匀。"对其应用范围进行延展，可以是："不怕工作任务重，就怕任务分配不合理。"

借口是"公平公正"的最大"破坏因子"，其主要表现方式为：一个喜欢找借口的员工，必然是公司里"干得少、错得少、挨批评少"的人，而且，在很多公司和部门，最容易出现这样的情况：谁最听上司工作安排，谁干的活就最多；反之，谁的借口最多，干活质量最差，谁承担的工作任务就最少。

可是，在很多公司里，工资往往都是同岗同酬。

如果团队里有一位喜欢找借口的员工，必然会引发团队矛盾，导致上司和员工关系差，团队间相互拆台，从而严重影响个人和整个团队的执行力。

这样的破坏因子，永远都是企业淘汰的"重点目标"。

所以，一名优秀的员工，永远需要谨记一个道理：多做一点不会累死，往往等于多学多积累，是夯实职业前景最重要的基础。反之，如果我们身上出现了找借口的毛病，那就一定要引起自我警觉。因为，我们已经开始与优秀背道而驰了。

2. 借口是"相互传染"的"恶性毒瘤"

我曾有一位关系不错的朋友，经营着几家餐饮店，五六年了，情况一直非常稳定。

突然有一段时间，我几次约他喝茶，他都说忙得焦头烂额。

他告诉我，几个月前，他回了一趟老家。由于老家的侄子比较调皮，不好好工作，家人就让他带到自己的餐饮店上班。他把侄子交给一家餐饮店的经理进行安排。

他侄子呢？到店里工作后，不是请假就是迟到、早退，经常找各种理由和借口不上班

经理没有办法，只能把他侄子的活安排给别人做，不出一个月，整个团队就乱套了。

其他的员工，很快也变得爱请假、爱迟到。由于店员们都住在公司宿舍，甚至一度影响到了其他几家店的员工。

由于团队出现了问题，店里的顾客投诉不断增加，餐饮店生意一落千丈。

他感觉自己都快疯掉了。

找借口并不是什么高深的技术活，几岁的小孩都懂，职场上的成年人更可以无师自通。

一个团队中，一旦出现这样的人，特别是出现之后还不会受到惩罚，很快就会相互传染。后果极其严重。

有管理经验的人员，都会在企业里建立激励机制、建立末位淘汰制等，目的显而易见，就是要清除这样的"毒瘤"。

3. 借口是"职业前途"的"慢性毒药"

不管一个人的职业愿景有多宏伟，职业发展路径设计有多科学，只要沾染了借口的恶习，就等于开启了职业前途的"自掘坟墓"模式。

2007年，有一家集生产加工、品牌销售等为一体的珠宝企业，为进一步对公司升级，然后上市，找了一家投资公司。

经过多轮谈判，投资公司答应给予公司1.6亿美元的投资。

然而，就在签约当天，因为堵车，珠宝企业的老板迟到了5分钟。投资公司毫不犹豫选择了取消合作。

投资公司的理由很简单，作为一位企业管理者，每天都将面临瞬息万变的市场竞争，关键时刻的决策能力尤为重要。双方的投资签约仪式，就是企业发展的关键时刻，这样的时间，企业管理者都能迟到，可见他在经营管理方面有着重要的缺陷。所以，他们对此次投资失去了信心，必须取消。

回头再看我们日常的工作表现，因为种种"借口"，造成工作拖延、影响执行力的事件，更可谓比比皆是。

我曾遇到这样一位同事，在公司里，所承担的工作比较多，工作能力也能得到大家的认可，可是，公司每次晋升，都没有他的名字。

有一次，他实在忍不住了，跑去上司办公室，指责上司不公平。

上司对他说了一段话，意思是：他确实干了很多工作，但是，他有一个最大的问题，就是工作不分轻重缓急、爱拖延。

上司还举了一个例子，说："上个星期，董事长问我要一份资料，我交给你去办。结果呢？董事长在办公室等了半个小时，你也没把资料送去。最后，董事长有事离开了办公室，你才把资料扫描，发电子文档过去。"

他说："那是因为我正在帮同事弄电脑，所以晚了一点。"

上司说："可你知道晚点的后果吗？董事长会觉得，我、你，包括我们整个部门，做事都没有执行力，拖拖拉拉。以后，如果有什么重要项目，董事长会安排给我们做吗？我们有重要紧急的工作，我又敢交给你吗？你说帮同事修电脑，你觉得同事的电脑比给董事长送资料更重要吗？"

同事灰溜溜地回了办公室。

问题到底出在哪里？

借口！而这样的借口，有时候连我们自己都可能忽略了。

因为一次堵车，我们迟到了。很多人，可能就会把堵车当成了可以迟到的理由和借口。

这样的习惯一旦形成，后果无疑非常严重。

因为忙于其他工作，我们没有去干更难的工作，时间长了，我们可能就会把手头上有工作当成了借口。形成一个最坏的习惯，只要我们手头上有工作，就可以不干甚至慢点干其他更重要的工作。

借口是"职业前途"的"慢性毒药"，是职场最为可怕的恶习，更是个人形成拖延习惯，造成个人、团队、企业没有执行力，甚至是失去竞争力的关键。

"千里之堤，毁于蝼蚁"。

一名优秀的员工，不能有任何借口。唯有拥有极强的执行力，能够真正做到敬业、诚实的员工，才是每一家企业都需要的高素质员工。反之，一定是企业迫切希望清除的员工。

执行力，就是企业最强大的竞争力。拥有完美执行力的人，就是企业最为宝贵的财富。

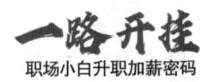

二、找准"攻破难题"的"脉络和资源"

职场上,我们经常听到一句话:个人工作能力。

这句话,经常被人理解为"一个人独自完成工作"的能力。可是,稍有管理经验的人,就知道这只是一个非常普通的职员的"职场境界"。

作为一家企业,他们所期望的优秀员工,不仅要有很好的"独立完成工作的能力",更要有很好的"团队协作完成工作的能力",如果还能够具备"带领团队攻坚克难,创新突破的能力",那就是公司晋升的重点对象,是具有从优秀员工迈入精英管理层潜力的人。

换言之,想要成为一名真正的优秀员工,我们首先需要具备的条件:

一是能够拥有"攻破难题"的责任感和担当精神;

二是能够找到"攻破难题"的脉络和资源。

1. 攻破难题,从解决自我身上的问题开始

许多年前,我在一家广告公司负责营销工作,团队里有2名新员工,连续工作3个月,一单没开。

他们到我办公室提出辞职,说自己可能不适合做广告销售工作。然后,还说了一大堆理由,比如缺少客户资源、与人沟通交流能力不强、个人学习和领悟能力不够等。

我没有同意他们辞职。

我说:"你们已经干了三个月,应该对工作有所体会和思考,你们觉得要干好这份工作,面临的最大的困难是什么?"

他们说:"最大的困难是让客户签单。"

他们还说:"在公司的三个月里,我们其实拜访了很多客户,有些客

户确实有广告需求，但是，每次去，他们要么嫌价格太高了，要么就说再缓一缓定，要么就说上司还没签批，反正，拖着拖着就黄了。"

我又问："你们觉得，有什么解决的办法呢？"

他们想了好一会儿，才鼓起勇气说："除非，有人能够帮我们去谈签单，可那样的话，不就成了别人的业绩和客户了吗？"

我笑了起来，说道："你们所以不能够签单，是因为前半句话只说对了一半，后半句话全错了。首先，我们大家是一个团队。什么叫团队？就是把每个人的优势都发挥出来，在共创共享的基础上，相互协作支持。有钱大家挣，才能挣到更多钱。其次，要懂得学习和掌握长期合作的技巧。我们与同事合作，听同事怎么谈，看同事怎么做，就是学习提升的最佳方式。我想，只要你们能够多经历几次，自己就能够谈妥了。我们先不说同事是否真的会抢了自己的客户，就算真抢了，就当交点学费又有什么了不起呢？实在不行，下次换个人合作嘛。其三，你们在公司忙活了三个月，手上已经积累了一定的意向客户资源，资源就是资本，丢掉才是最大的损失。对于任何一个人来说，职业生涯，都经不起这种损失。更何况，一旦形成碰到问题就辞职的习惯，那才是真的完蛋了。"

他们没有辞职，而且很快，就通过与同事合作，签下了好几家房地产公司的广告。一年后，都成长为公司的优秀业务人员。

干任何一份工作，我们其实都会碰到各种各样的问题。

可许多问题的答案，其实就在我们自己身上。

由于不好意思打扰同事，形不成团队合作，得不到团队助力，工作上的一些堵点和卡点，就会变成不能解决的问题。

由于不愿意放下自以为是的清高，遇上问题也不肯向别人请教，随着时间越久，积累的问题越来越多，最终转化为更大的问题。

……

"问题"其实是一个人进步最好的"磨刀石"。

一个人，要想从普通员工成长为执行力强的优秀员工，就必须拥有"办法总比问题多"的坚定信念。我们只有把解决每一个问题当成自我成长的机遇，才能一步步成长为"攻破难题"的高手。

2. 善于发现和总结问题，做"工作"的主人

大学毕业，我曾去过一所高中教书。这段工作经历虽然不长，但却让我养成了一个很好的工作习惯——反思。

当时，我作为一个新老师，必须要干两件事：一是每次上课前都要把教案写好；二是每次上完课都要写教学反思。

教学反思，其实就是发现和总结教学中存在的不足和问题，然后找到解决问题的办法。

我能够切身感受到，这是一个让老师快速成长和进步的非常有效的方法。后来，纵然我辞职进入了其他行业，也一直保持着反思的习惯。

在公司听到大家对老板不满意，我会思考问题是出在制度上还是出在老板的行事方式上，又或是出在员工自身的身上。

当我做的方案没有被客户采用，他们提出许多修改意见，我都会认认真真记录在笔记本上。回去后，翻开记录的内容，仔细琢磨对方的意图。同时，对自己的工作方式进行反思，寻求更高效的工作方式。

……

企业发展壮大是一个逆水行舟的过程，是一个不断满足人们美好生活新期待的过程，作为企业的一分子，我们必须不断适应于各种挑战。

善于发现问题，就是要善于找到症结所在，找到瓶颈。

如果我们没去找问题，或者找不出问题，肯定就是最大的问题。

个人走上管理岗位后，与下属沟通，经常强调的一句话就是："要做工作的主人，不能成为工作的奴隶"。

什么叫"工作的奴隶"呢？

工作的奴隶，指的是按部就班开展工作的人。

在企业中，我们经常会见到这样的人，上司安排他们干什么就干什么，以前怎么干现在还是怎么干。他们总是觉得，多一事不如少一事，少一事不如没任何事可干……

他们就仿佛是工作的"奴隶"，每天都被工作牵着鼻子走，日复一日，年复一年。

什么叫"工作的主人"呢？

简单来说，就是能够主动去思考工作，去主动发现和解决工作中存在或出现的问题。

他能够从行业和企业发展大局中发现问题，懂得与竞争对手看齐，对标找到公司和自己的不足，找出造成差距的关键，然后思考出自己该怎么去干工作，怎么把工作干得更好。

另外，他还能够立足企业和自身岗位，找到影响企业工作效率提升的问题，找到高质量工作的方式和技巧。

这样的人，在工作中就有了"主人翁意识"，就有了不断进步和突破的内在动力，就能不断提升自己的执行力。

3. 善于找到攻破难题的资源和方式，就是企业的"潜力股"

一个人的能力再强，时间、精力、资源、能力等都毕竟有限。

这就像一个人的力气再大，始终逃不出"吃饭的人"不如"喝油的挖机"的尴尬。

也正因为如此，在企业的经营中，才有了"合作共赢"的理念，才有了"科技改变生活"的认知。

要想成为一名"执行力强"的优秀员工，我们一定不能仅仅依靠自己的力量去解决问题。

当我们遇到难题时，当我们思考破解难题的举措时，我们一定要站在更高更广阔的视野下进行。

很多人都曾听说过汉高祖刘邦的这样一段话：要说运筹帷幄之中，决胜于千里之外，我比不上张子房；要说管理国家，安抚百姓，源源不断地保证物资和粮食供应，我不如萧何；至于统领百万大军，攻无不克，战无不胜，那我就更比不上韩信了。这三个都是人中豪杰。我能够恰当地使用他们，这才是我能够夺取天下的根本道理。

在我们的工作中，经常会遇到难题。很多问题，其根本就在于人才，是"寸有所长，尺有所短"的问题。

如果一个人只想着自己埋头做事，那就是另一种"闭关锁国"，最终的结果就是被社会无情淘汰。

因此，每一个人，都要善于看到别人的优势，并懂得如何借助别人的力量与自己形成合力，共同发展。

论技术，我们每一个人就应该体会更深了。

我们面临的很多工作问题，都能够通过新技术、新设备解决。关注行业和工作相关的技术和设备，往往就是破解难题的重要方式。

资源、运营及工作的方式方法，同样是造成工作难题的关键，而找到并掌握运用破解难题的资源，调整和优化运营以及工作的方式方法，更是每一位员工提升自我的终身课题。

有攻破难题的能力，善于从"人才、技术、资源、运营以及工作方式方法调整"等角度去解决问题，才能算得上承担起了工作的责任，也才能在工作效率和品质提升中发挥驱动作用。

也只有这样的人，才可能一步步成长为企业的精英。

三、用坚定"信念"破除职场"老油条"定律

在很多公司，我们都能看到这样一部分人群。每天上班，不到最后一分钟他们不会进办公室。每天下班，时间一到就不见了人影。干工作呢？能拖多久就拖多久，上司不催个三四遍，绝不会上交。

他们还总能找出很多请假的理由：身上不是这里痛就是那里不舒服；亲朋好友以及同学家的老人经常"去世"……

上司批评他们吧，他们承认错误的态度非常好。

老板想把他们开除吧，又觉得他们其实也挺可怜的，又或者他们每个月所干的活，也基本能够覆盖自己所领的薪水。

这样的人，就是职场"老油条"。

他们在公司十几甚至几十年了，一直待在最不重要的岗位上，干一些不怎么重要却又需要人去干的工作。

至于升职加薪，他们偶尔也会想想，但自己心里都觉得不太可能。

他们为什么会成为这样的人呢？

一句话：信念崩了。

开始的时候，他们可能只是单纯地想偷懒、贪小便宜。比如，他们

觉得自己比别人干得少，可拿的薪水却与人差不多。又或者，他们自作聪明，觉得老板给多少薪水，他们就干多少事。

当身边的同事都开始陆续升职，他们还在原地一动不动，自己的信念就开始崩了。

干事创业，一定要有坚定的信念。

我们不管做任何工作，坚定的信念都是成功最佳的保障，也只有拥有坚定信念的人，才可能在困难和挫折面前持之以恒，才能把"工作中的问题"变成个人能力提升的"磨刀石"，在一次又一次攻破难题中得到成长和更大的信心。

信念是工作动力的源泉，是执行力的根本，也是一个人从平凡走向优秀的独木桥。

1. "坚定的信念"在哪里

作为一个工作时间超过15年的人，经常会有朋友和同事问我："你都工作这么多年了，怎么还加班加点工作，哪来那么多精力和工作激情呢？"

一个人的工作激情在哪里？

简单回答，其实就在一个人的工作"信念"中，在自己设定的一个又一个工作目标和每一个目标实现的获得感中。

一个人的工作信念有多坚定，支撑工作的精力就有多旺盛，完成工作的激情和支撑困难磨砺的韧劲就有多强。

信念的基础是自信，自信的根本是自我的才华和能力。个人的能力水平与坚定的信念相辅相成，相互促进。

通过工作，可以不断磨炼和提升自我的工作能力。工作能力提升，又能更进一步提升我们的信念坚守能力。同样，拥有坚定的信念，就能取得源源不断的成功，进而激发出个人的工作积极性，工作自信。

2. 以信念支撑"工作激情"

一次或者几次做出高品质的工作容易，难的是一直保持高品质工作效率。

作为企业的工作人员，往往容易出现一个情况，自己做好几次工作后或稍微取得一些成果后，立刻就觉得自己应该得到升职加薪的机会，觉得自己为公司作出了巨大的贡献。如果自己的想法得不到满足，立刻就会转变工作态度。

这样的思维方式对吗？

自然是不对，甚至大错特错！

正所谓："路遥知马力，日久见人心。"

生活中，我们看一个人如此，站在企业和上司角度选人用人，就更应该小心谨慎了。

人的欲望是无穷的，员工有一点进步就升职加薪，公司也不可能有那么多的职位空缺和金钱。

公司本身就需要员工创造利润，也只有员工能够持续稳定地为公司创造利润，公司才可能不断发展壮大。

的确，企业要发展，就需要大量的人才，特别是需要能够长期保持高质量工作的人才。

人才、职位、薪水，在公司运营过程中，仅仅只是一个"动态平衡"的逻辑关系。

对员工进行升职加薪，是为公司选拔忠诚可靠的优秀人才，考量的是员工的品行和综合能力，包括工作能力、性格习惯、学习能力，等等。

这其实更像是一场马拉松比赛，不仅需要员工跑得快，更需要持之以恒，一直领先。

也正因为如此，我们要想成为优秀员工，就必须让自己长期保持着高质量的工作水平。

我有一位关系不错的朋友。他曾是某集团公司董事长的驾驶员，领着公司一般驾驶员的薪水，足足干了五年。

在这五年的时间里，他可以算是公司里最辛苦的员工。因为，公司正处于快速发展阶段，上司自然很忙。

每天早上，上司六点钟就起床了。他要赶往游泳馆锻炼身体一个小时，然后再赶到办公室。司机呢？必须四点钟就起床，开车赶去上司家里，接上司去游泳馆。趁着上司锻炼的时间，他还要去某餐馆给上司买早餐。

晚上，上司应酬很多，经常凌晨一两点钟才能回家，他必须等着上司回家后才能回家休息。有时候，上司有其他事情，也会经常打电话让他去办。

为了保持良好的工作状态，在那五年时间里，他只有见缝插针地靠在座位上打盹，才能确保基本睡眠。

五年后，上司给他安排了一家子公司的总监职务，他离开了驾驶员岗位。由于工作表现极为突出，在随后的几年时间里，他甚至一路升迁到了集团公司副总的位置。

说到自己的成功，他提得最多的一点，就是信念。

他说自己所以能够坚持五年，一是与董事长在一起，觉得董事长是个很有能力的人，在这样的公司，应该很有前途；二是通过与董事长相处，他感觉自己能够学到很多的经营知识，还能积攒很多人脉资源。

董事长让他去总监岗位锻炼时，就说过几句话：一是他的学历不高，但勤于学习，做事情也很认真负责；二是他对公司有感情，他做事能够让人放心。最重要的，是他能够长期保持工作热情，把每件工作都处理好。

机会总是给到有准备的人，他取得了职业上的成功。

以信念支撑"工作激情"，是一个优秀员工必须具备的基本素质。我们只有做到了"干一行爱一行"，长期保持高质量的工作水平，才可能在职场竞争中胜出。

也唯有做到这一点，才能让自己不堕入"老油条"行列，进而取得优秀的职场成就。

3. 失败的唯一理由是自己不够优秀

作为企业的管理层人员，在评价下属的时候，经常用到一句话：这个人好用或者不好用！

在一般员工心里，这个好用和不好用，经常被理解为听话或不听话。

这样的理解对于员工成长来说，其实是非常不利的。

所谓"好用"或"不好用"，包括了几个方面的内容：一是这个员工积极主动并且具备良好的工作能力，懂得高质量完成工作的方式方法；二是这个员工具备良好的工作素养，能够做好工作沟通和交流，在与上司、团队或合作单位对接中，总是畅通无阻。

将"失败的唯一理由是自己不够优秀"作为员工的信念，对于员工的成长来说，有着非常重要的价值和作用。

一是员工在自我的岗位工作上失败。这不需要任何理由，就是自我的工作能力不足以胜任工作。

二是在做部分"上司工作"或"其他岗位工作"时失败，一定要感谢上司给自己这样一个多岗位锻炼、升职加薪预演锻炼的机会，让自己看清楚与升职加薪还有哪些差距。

当然，任何的工作失败，对于企业来说，都是一次损失。

站在上司的角度，虽然愿意给员工试错的机会，但是，从看待员工失败的问题来定，任何工作，都是不容失败的。因为，在上司交办工作的时候，员工心里就应该有一个效果预估。如果不能够胜任，应该及时与上司沟通，上司通过其他办法进行补救。

许多年前，我就碰到过这样一位同事。

他刚进入公司的时候，在岗位工作上，能力其实挺强。上司呢？看到他的情况，也想着把一些更重要的工作交给他，希望通过承担重要的工作，对他进行锻炼和培养。

他自己也明白上司的想法，每次有工作，都积极应承下来。

可是，连续几次，他都把工作干砸了。

最后，上司也不敢再交办其他工作给他了。他呢？干着干着也觉得没什么滋味，几个月后，辞职离开了公司。

他走后，上司说，让自己最为生气的原因有三点：一是一次又一次给他机会了，他都没有好好把握，不去总结经验和教训，导致一次又一次失败；二是他自己没有把握完成好工作，可从来都不提出异议。如果他提了，肯定会找人帮助他完成好工作；三是他把工作干砸了，想的不是如何更好地提升自我，而是选择了辞职逃避。

"失败的唯一理由是自己不够优秀！"

我们需要明白的是，这句话不是让我们以一种无所谓的态度去面对工作上的失败，而是要懂得从失败中找到自我的差距，积极去总结经验，并且快速提升自我，从哪里跌倒就从哪里爬起来！

对于每一位员工来说，工作上，犯一次错误并不可怕，可怕的是一而再再而三地犯错误，在同一条阴沟连续不断"翻船"。

对于每一家企业来说，如果因为员工工作上的一次错误，能够让这个员工变得更加优秀，这样的结果是值得承受的。企业难以承受的是，员工犯错过后不进行反思，或者干脆一蹶不振，堕落为公司的"老油条"。如此，这样的员工，就没有任何价值了。

吸取失败的教训，执行力越来越强，竞争中越战越勇，那就一定可以成长为优秀的员工。

第二节　学习能力，经验是收获也是魔鬼

"我在这个行业干了二十多年，我不拿高薪谁拿高薪？"

"这样的项目，我不说做过一百，起码也做过八十，闭上眼睛，我也能把它做好……"

事实真是这样吗？

并不是！

翻开档案，看看存活二十年以上的大企业到底淘汰了多少人？再看看那些在公司里干了十几二十年的人，又有多少领着让人羡慕的薪水？我们就会真正明白，简单的资历不是个人工作的资本，经验不是资本，把经验

当作资本的人，犹如站在悬崖边的朽木桥上，终将堕入万丈深渊而粉身碎骨。

企业要生存和发展，就必须持续盈利，就需要跟上时代发展的步伐，需要比行业里绝大多数竞争对手跑得更快。

企业需要的人才，不是沉迷于经验的"啃老族"，而是能够立足行业前沿持续创新，持续为企业带来利润的人。

我们要成为这样的人，就必须学习，持续学习。

一、学习搞不好，饭碗容易"跑"

许多年前，有一个词非常流行：金饭碗！

意思是指进入"国家单位"上班，只要不犯大错误被开除，就能一辈子衣食无忧。

这样的职业，一度成为许多人最理想的职业。

怀有这种职场心态的人很多，于是，很多人都成了不思进取的代名词，企业因此陷入亏损的泥潭，纷纷宣告破产，大量职工下岗。

于是，精彩的一幕出现了。一部分专家或专业技术过硬的精英，立刻成了其他企业高薪哄抢的香饽饽；另一部分人呢？却在为找一份新工作四处碰壁，惶惶不可终日，生活一度陷入窘迫。

其实，社会发展到今天，企业破产倒闭已经成为常事，大家也都能清晰认识到，"金饭碗"已经与企业和岗位无关。相反，不断提升自我工作能力和知识技术，把自己锻造成为行业里光芒闪耀的金子，才是正道。

1. 企业为什么喜欢招聘名校学生和有经验的人

每年毕业季，各大学校都会举办招聘会，可是，名校里的招聘会，总是名企云集，岗位众多。名校毕业生与一般学校毕业生待遇的最大不同，也就体现在这一刻，一个因为好岗位太多担心自己挑花了眼而愁眉苦脸，一个因为在好岗位前四处碰壁而忧心忡忡。

走进人才市场，或者打开人才招聘网站，我们经常看到一个现象，很多岗位都要招聘有经验的人，特别是有工作成果的人。

为什么会出现这样的现象？

一句话，学习能力！

企业愿意培养一个名校学生，因为名校学生，已经在自己的读书期间，证明了自己的学习能力。企业需要有良好学习能力的人，招聘名校学生，培养风险相对较小。

招聘有岗位工作经验的人才，道理同样如此。因为，企业真正要的不是有几年工作经验，而是在工作岗位上表现比较优秀的人才，是那些希望通过跳槽改变环境工作环境的人才。他们通过工作实践，并且用工作成效证明了自己的学习成长能力。试想，一个人因为工作能力差被公司开除或淘汰，能受到招聘单位的青睐吗？

2. 团队排斥"猪队友"

一个人被下岗、被解雇，我们很多人经常都会把责任抛给上司，抛给人力资源部门，甚至是社会。

许多年前，我曾听人说过这样一句话：

"我最恨那些外地人，他们来了，抢走了我们的工作机会，抢走了我们的生意，房子、物价也被他们抬高了。如果不是他们，我们本地人的日子，不知道多好过。"

这是一位下岗工人说的话。相信，听了这句话的人，心里都会有种恍然大悟的感觉——"哦！难怪会被下岗。"

一个人把"饭碗"弄丢是件可怕的事，不过，还有更可怕的，就是饭碗都丢了还不清楚是怎么回事。

其实，只要我们懂得换位思考，多想几个问题，事情就明白清晰了：

（1）一个团队，大家都需要进步，但能够容忍一个长期掉队且不愿迎头赶上的人吗？特别是这样的人，会影响到每个人的收入增长。

（2）一位上司，需要带领团队创造更好的业绩，他希望自己的队伍总是有个影响团队进步的人吗？特别是这个人，会影响到自己升职加薪。

……

假如你身处这样的团队，你就是这个上司，你会怎么做呢？

任何容忍都是有限度的，长期掉队的人，毫无疑问，谁也不愿看见。这种人的结果，自然是被淘汰。

这是团队的错误吗？是上司的错误吗？都不是，是这个人本身就不适合待在这样的团队里面，他影响了团队进步，影响了每一个人的经济收入，甚至间接影响了团队成员的家庭生活水平提升，影响了公司发展。

任何一个团队，人员的能力和素质都会存在差异，能力弱一些没问题，迎头赶上就好，有问题的是自己拖了团队后腿还不自知。甚至有些人，能力得不到大家认可，却埋怨别人不帮助自己，说别人没有团队协作精神等！

3. 学习锻造"金饭碗"

找一份吃饱穿暖的工作很容易，难的是找一份薪水高、晋升空间大、发展前景好的工作。当然，有更难的，那就是长期保住这样的好工作，并在这样的工作岗位上混得风生水起，一次又一次抓住升职加薪机会。

可是，怎样才算抓牢了"金饭碗"呢？其实也简单，就是一个基准点，两个落脚点。

所谓一个基准点，就是坚持学习，将自己工作能力始终保持在行业同岗位的中上水平。当然，还有一些情况，你所在的公司并非处于行业领先水平或者没有向领先水平进军的野心，否则，企业对人才素养要求更高，至少要保持进入同行业岗位前20%的能力和水平。

而两个落脚点：一是围绕岗位工作，提升专业能力；二是围绕公司运营体系，全面提升自我经营管理能力。

职场上，个人收入与工作成果成正比，是每一家公司每一个努力进取职员的共同愿望，也是整个企业管理提升的方向和必然趋势。在这种趋势下，妄图滥竽充数者，终将会为自己的侥幸心理付出巨大代价。

二、学习能力强，升职加薪"王"

一个人一生有两个基础的改变命运的机会，第一是学习，第二是工作，但归根结底都是学习。

学习改变命运，是因为上学成绩优秀，就能够为自己筑造一个更扎实更高的起点；

工作改变命运，是因为工作努力成效，能够为我们开辟一条通往人生高峰的路径。

我们经常听到一句话："把命运牢牢掌握在自己手中"。

这句话激励过很多人，但是，也有很多人把它理解片面了。它至少包含了两个方面的内容：

一是不断提升自我的职业素养，包括良好的工作态度、工作能力等；

二是创造更好的客观环境,包括赢得上司支持、客户认可等。

我们只有做到内外兼修,并达到内外兼备,才可能真正具备一定的掌握自己命运的能力。

高效学习的能力和技巧,就是个人赢得升职加薪机会的最佳保障。

1. 懂得拜上司为"师",让个人发展与企业发展同轨同频

如果问,谁最了解公司的经营情况、优势以及短板,毋庸置疑,一定是管理层。

如果问,谁最了解公司欠缺什么样的人才,自然还是管理层。因为,公司所有的岗位情况,都源于公司发展的需求,是管理层的意志体现。

管理层都有谁呢?

有我们的上司。换句话说,上司天生就是引领我们不断进步,攀登人生高峰的导师。

作为一名想要快速成长的员工,这样的人,就该是我们最亲近的人。

毕竟,他们的每一句指导,就等于科举漏题。更关键的是,这样的漏题,绝对没有任何舞弊风险,甚至只要我们按要求去认真准备答案,他们还可以明目张胆地"降分录取"。

天下还有比这更美好更简单的事吗?

当然,我所说的拜上司为师,并不是指我们一定要行拜师礼。上司,本身就肩负着导师的责任和义务。正常情况下,没有上司不希望自己的下属出成绩,特别是在自己的指导下出成绩。毕竟,我们任何一个团队,其实就是一个利益共同体。上司的晋升,上司的行业地位提升,本身就离不开下属创造的业绩。我们要做的,其实只是选择成为一名"三好学生"而已。

当上司交办工作给我们时，我们一定要认真思考，扎实推进，如果遇到自己不懂的情况和解决不了的问题，一定要及时与上司沟通，请上司给予指导和支持。

同时，在与上司一起工作时，不管是在公司内部还是在公司外面，都要认真关注上司的工作方式和技巧。上司在关键时刻的一言一行，可能会是我们自己长时间也悟不出的绝招。

拜上司为师，如果我们能够得到上司的点拨，按照上司的要求来一步步提升自我，就是精确把握升职加薪的最佳机会。

何乐而不为呢？

2. 不耻下问，抓牢向同事请教的机会

但凡认真领悟过《论语》的人，很少有人不被孔子的才华和成就折服。如果我们能够多问一句：孔子的才华从何而来？其中就有一个非常重要的渠道，即"三人行，必有我师！"

同事，当然是"三人行"中，最为重要的"一行人"。

同事是谁？

他们是最不希望队伍中有个"猪队友"的人，也是最能够结合工作，了解我们优势和劣势的人。

公司的工作，一般都是团队协作完成的工作。这就像大家合力抬东西，谁的力量弱，谁没有使劲，只要上肩走几步，大家心里就一清二楚了。因此，不管是在专业知识技能方面，还是在职业素养方面，同事的"教导"，都是最精准最具针对性的。自然，同事的"教导"，也是我们提升最快的方式之一。

虚心向同事学习，还是搞好同事关系和团结同事的重要方式，对于个

人升职加薪，有着重要的促进作用。

3. 作战实践，将行业对手当成学习的"榜样"

行业竞争对手是谁？就是大家都有着相同的目标客户，时刻想着战胜对方的一群人。

将竞争对手当作自己学习的榜样，一是可以深入研究对手，找准对方的核心竞争力，通过学习别人的优势来快速提升自己；二是发现别人的弱点，提升自己击败对手的能力；三是在被对手击败后，总结自己的失败经验，有针对性地提升自己和增强反败为胜的能力。

向竞争对手学习，我们不仅能够在同行业同岗位上找到优秀对手，还能了解到很多我们可能并未意识到的竞争力。

超越行业同岗位竞争对手，是我们成为行业精英的必由之路，也是我们走向优秀必须迈过的坎。

企业竞争是"大鱼吃小鱼、快鱼吃慢鱼"式的竞争，职场竞争同样如此。一个人学习能力的强弱，持之以恒的耐力，直接决定着个人的成长速度和最终达到的高度。

懂得学习技巧，快速提升自我，是优秀员工必须具备的基本素质，也是升职加薪的重要保障。

三、职场啃老本，随时可以"滚"

"我是名校毕业，高学历，辛苦学习那么多年，现在工作了，也该是我放松享受的时候了！"

"我家有很好的关系资源，只要请人打个招呼，别人就会卖个面子，何必要去拼死拼活地学习呢？"

"我是从老板创业开始就跟着他的,在公司,绝对的老资历。在公司做大的过程中,我立下过汗马功劳,现在也该轮到我享受了。"

……

"一手好牌打得稀巴烂!"这是我们经常听到的一句话,可不管是在生活中还是在职场上,这样的例子,依旧层出不穷。"啃老本",就是把好牌打烂的重要原因。

在这群人中,有人啃学历的老本,有人啃家庭背景的老本,有人啃资历的老本等。

殊不知,一旦这样的思想形成,我们就已经进入"淘汰者"行列了。任何一个浪头,都足够将我们冲到"解放前",拍死在沙滩上。

做记者的时候,我曾采访过一位很有名望的企业老板,他是当地第一个把公司交给职业经理人进行管理的企业老板。当时,他的这一行为,在企业老板圈子里引起了不小的波澜。

我本来打算为他写一篇经营管理创新实践方面的稿件,可去了以后,听到的却是另一个让我震惊的信息。

他说自己从上世纪80年中期就开始创业,那时候,创业很辛苦,有六七个人一直跟着他。他们一起吃盒饭、一起在办公室打地铺、一起搬运货物,大家恨不得把一天24小时都用在工作上。后来,业务做大了,他还从国有企业挖了几个人给自己做管理,事业蒸蒸日上。

近年来,他发现企业内部出了大问题,而问题的根源就在于最初跟着他的几位老员工。凡是他们管理的分公司,全部都出现亏损,就连给员工发工资,都需要他从集团其他项目利润中拨付。

他们呢?心里想的永远都是自己劳苦功高,甚至把一些能力不够的子女、亲戚朋友都安排到重要岗位上，完全不把公司的亏损当回事。他约大家一起吃饭沟通过，但没什么效果。

于是，他只能想个办法，聘请职业经理人，制定了系列制度并放权给职业经理人执行。自己呢？干脆躲在家里不出门，一副不管公司事务的样子，只能暗地里关注公司财务和业务，或者拜访一些重要的客户和朋友。

职业经理人严格按照考核制度执行，并且重点关注各公司的工作纪律。一个月后，发工资，大家都沸腾了。

老下属们去找他了。

他在家里摆了一桌酒席，并准备好了说词。

他先是回忆当初一起创业的情景，创业的目的。然后问大家，如果当初创业不是因为大家那么努力，大家能不能成功？又说大家当初一起打拼下这份产业不容易，如果有人想毁了这份产业，大家心里会怎么想？然后，他还说大家都已经老了，所以请了一位职业经理人来管理公司。他说这样做的好处很多：一是觉得职业经理人管理会更专业；二是希望职业经理人做事，会比自己的孩子管理公司更公平，更有利于员工和公司发展。然后，他说希望大家都能支持职业经理人的制度，维护有利于公司发展的制度，那就是保住大家辛苦创业的成果。

大家哑口无言。

作为一名企业家，哪怕只是一个小公司的老板，谁又不希望自己的公司能够不断发展壮大呢？谁不希望自己手头上经营的公司，能够成为百年老店呢？

如此，企业又如何容得"啃老本"的人呢？

纵然有人老本比较"厚"，可再厚的本钱也有花完的时候。当我们不能继续为企业创造价值和利润，那就已经与企业存在的目的、价值、意义背离了。这样的人，能继续在企业"活下去"吗？更何况，如果一次小手术就能让企业重新焕发蓬勃生机，作为老板和上司，谁又会去在乎割舍掉点什么呢！

第三节　创新能力，步入优秀员工行列的最强驱动

你知道企业需要什么样的员工吗？就这个问题，我曾问过很多人，当然，得到的答案也是五花八门。

有些人说，企业招聘员工是因为企业缺人，人多了，老板就能从员工身上挣到更多钱。企业需要的员工，就是能踏踏实实干活的员工。

有些人说，企业招聘员工是做大做强的需要，企业要做大做强，就需要更多人才。

有些人说，企业招聘员工，是岗位的需要。企业缺什么岗位的人，就会招聘什么岗位的人。招的人多就意味着开支多，傻子才会乱招人。

我也曾拿这个问题问过很多企业老板和管理层人员，他们给到我的答案基本集中在"员工忠诚度、敬业精神、工作主动性、认真负责、有团结协作精神"等方面。他们觉得一个人身上有多种优秀品质和良好的职业素养，那就是企业最需要的人才。

当他们问我这个问题时，我只说两个字：创新！

我坚信，企业最需要的员工就是具有创新意识和能力，并且能够持续研究探索出创新成果的员工。而且，个人始终认为，一个员工积极探索创

新，本身就已具备企业需要的优秀品质和职业素养。试问，一个从上班开始就盼着快点下班的员工，又怎么肯花心思和时间去研究工作业务，去创新呢？

自然，一个人要快速成长为优秀员工，那就必须高度重视工作创新。创新成果，就是员工快速步入优秀行业的捷径。

一、积极创新，就是创造"升职加薪"的机会

职场上，很多人都会发出"英雄无用武之地"的感慨，殊不知，这恰恰显示出了一个人思想上的"等靠要"和内心深处的怯弱。关于个人职场发展机会，虽然存在别人给的现象，但最重要的，还是个人创造。

一位大学教授曾和我说过这样一个故事，说他有一次去参加学生组织的聚会活动。活动时，学生们都在发感慨。

有人说："我没有名牌大学毕业的突出文凭，没有手握权力的亲戚，没有动辄数亿的万贯家财，就算再能耐又能如何？在公司，连表现机会都没有。"

有人说："千里马常有，伯乐不常有……"

听到这样的感慨，教授很生气，立刻批评了学生。

他说："你们这是在干吗呢？博同情，为自己的懒惰找借口！你们知道什么是'千里马'吗？我告诉你们，能力再强的千里马也只是被人骑的畜生，是甘愿受人奴役的。你们一个个都是大学毕业生，至少应该懂得人的主观能动性。一个个以畜生思想来武装自己的头脑，把畜生思想作为个人发展的行为指导，你们认为妥当吗？"

教授的批评确实很严厉，甚至有些粗俗了，但是，不得不承认，他的

话一针见血。

人具有动物属性，但并不是一般的动物。人有主观能动性，应该想办法为自己创造发展机会。

创新，就是为自己创造"升职加薪"机会的重要方式。

1. 创新事关企业竞争力的提升和自我的"钱途"

作为一名企业的经营管理人员，最应该重视的经营管理工作，莫过于企业"竞争力"的提升，企业业绩的提升。员工的任何创新成果，不管是助力收益提升还是通过提升工作效率降低运营成本，都等于直接为企业创造了利润和财富，提升了竞争力。作为上司，又怎么可能不关注这样的员工呢？

2. 员工创新能力事关高效高质量完成工作

"完美执行力"是企业管理追求的至高境界，员工的工作创新，直接关系到执行力提升。可是说，这样的创新成果，会让任何管理层人员感到惊喜。一个经常给上司带来惊喜的人，又怎么可能不受到上司关注和重视呢？

3. 员工创新是优秀品质和职业素养的体现

正如前文所说，只有拥有优秀品质和职业素养的人，才可能在工作中积极探索和创新。创新是"企业主人翁精神"的体现，只有真正关心企业发展的人，才会关心工作效率提升，才会为了工作效率提升殚精竭虑。创新是"敬业精神"的体现，试问，一个上班只为混份吃饱穿暖的工资，又怎么可能挖空心思去研究效率提升呢……

这样的员工，又怎么可能不引起上司的关注和重视呢？

职场上，我们很多员工会埋怨上司，总说自己得不到上司的关注。可是，作为企业管理层人员，面对这样的埋怨，内心总有一些想说但又不愿说的话，那就是：你怎么不多干出些业绩和成果，引起我的关注呢？你怎么不想想，作为一名管理层人员，我关注的点应该在哪呢？

没错，就是创新！而且是持续创新。

把"创新"深深烙印在脑海，渗透到各项工作和工作的各个环节，不断取得新突破，你就是"优秀"的不二人选。

二、不断创新，就是个人"进步"的最快方式

创新成就个人专业知识和技能快速进步，并不需要我们多做强调。因为，创新本身就是不断去发现问题，找到破解问题的方式。我们每一次破解难题，其实就代表着个人的进步，而且是企业最需要的进步。

换言之，这样的进步方式，就是进步的"捷径"。

我们要强调的，更多是个人"事业"上的进步。

我曾有这样一位同事，他进入公司时，是董事长秘书。虽说"宰相门前七品官"，但这个岗位的本身，还是属于基层。让人想不到的是，他仅仅花了五年不到的时间，摇身一变，就成了集团公司副总裁。

让他如此快速晋升的法宝，就是工作创新！

当时，他进入公司上班，负责的工作是文字资料记录、撰写等，并兼职给董事长收发整理信息资料。

他发现，董事长每天都会阅读很多报告、行业信息等。他觉得，董事长每天事情很多，很累，而且这些资料都要从他手上过，所以，就想了个办法。他每次收到资料后，都先把资料读上一遍，把那些"干货"内容画出来，然后再呈报给董事长。这样一来，为董事长节约了很多阅读时间，

并且得到了董事长的指导和赏识。

这样过了大约半年时间，有一天，董事长把他叫到办公室，问他愿不愿意去营销公司任副总。

这样的升迁速度让他吓了一跳。他想了想，告诉董事长，说自己没学过也没干过营销工作，担心干不好。

可董事长呢？也直接告诉他，说派他去任营销公司副总，并不是让他去带领团队干销售，而是因为他的服务意识。派他去营销公司，其实是把整个营销团队的服务意识强化起来。

他觉得这确实是自己的专业和强项，因此，前往营销公司任职。他主动和营销总经理沟通，得到总经理支持后，就开始研究公司营销服务改进工作。他先是去到各家门店现场调研，然后又让所有销售人员把顾客经常咨询和投诉的问题都写出来，并附上自己的回答方式等。而且，每个销售人员，至少要写10个以上问题，业绩好的销售人员，他还亲自与他们沟通谈话。

三个月后，他就完成了一本《营销服务标准化手册》。里面的内容，就包括如何回答顾客问题，如何处理顾客投诉，怎样维护客户关系，甚至是给客户发祝福信息等。标准制定后，还挑选优秀销售人员亲身示范，为其他销售人员进行培训，又制定了相应的奖惩制度，对服务标准进行落实。

很快，在这样的标准保障下，公司营销业务有了显著改善，特别是老顾客的回购率，老带新的数量大幅增加。

这样过了一年多，他又被董事长调回身边，提升为董事长助理。董事长给他安排的工作，是针对集团内外的服务提升进行改革创新。同样，他取得了很好的工作成效，得到了所有人的认可。

再后来，在董事长的安排下，他还参加了很多学习和培训。升任集团副总裁那一年，29岁不到。

自然，这样的升迁，核心就在于工作方式的创新。从个人工作创新到对集团进行改革提升，不仅给集团带来了巨大的价值，同时，也是给个人晋升铺就了星光大道。

三、创新不难，只是"想办法"的另一种表达

创新难吗？

当我们提出这样的问题时，很多人都会说：难！太难了。

可事实真是这样吗？显然不是。

说创新工作难的人，一般有两种。一种是对工作缺乏激情和信心的人，为自己的懒惰找借口。另一种人呢？眼高手低，对创新毫不理解也不愿意去理解，总将创新理解或故意理解为高新技术的突破。

工作中的创新，并不是让员工去做多么伟大的发明创造，去搞出几十几百项的技术专利，甚至用自己的创新成果去改变整个世界。企业要的创新，往往只是针对工作中存在的问题，为这些问题想一个更好的解决办法，进而实现效率提升而已。

作为一名职场人士，如果我们能够站在经营管理者的角度来思考自己的工作，我们就会发现，工作的本身就含有"解决问题"的意思。如果我们不能有所创新，就会把自己的身份由"问题解决者"变为"问题制造者"，公司聘请我们就等于为自己聘请了一个麻烦，如此，能算得上胜任岗位工作了吗？

其实，我们每个参与过工作的人都非常清楚，任何一家企业，任何一道流程或工序，任何一项工作，都不可能完美到没有一丝提升空间。换言之，只要我们愿意多用脑子去工作，创新就将无处不在。

事实上，我们关于创新的例子，也确实不胜枚举。

比如，一家餐馆本来只经营晚餐，一位员工却发现早上上班时间，路过门口的上班族很多，于是建议老板增设早餐服务，为店里带来了不错的收益。

这算是创新吗？对于这家店来说，当然算是创新。

一家公司业务量不稳定，却又不得不招聘很多工人，人工浪费现象严重。一位员工提出与技术职校合作，用职校学生兼职替代了部分工人，既保障了公司人员需求，又为公司节约了大量人力成本。

这算不算创新？同样是。

一位珠宝设计人员，通过鸟笼受到启发，进而开发了空心银月饼、金月饼乃至戒指、吊坠等首饰产品……

一位乡下小镇上的铝合金焊工，用铝合金和大块瓷砖做成桌子，在农村市场获得成功……

毫无疑问，这些都是创新。

对于企业来说，营销工作可以创新，营销中的服务也可以创新，营销的产品能创新，甚至产品的外观设计等都能创新。换句话说，任何一份工作，我们都有无限创新的空间，只要我们愿意去思考效率提升，就不愁找不到创新点。

如此，创新还难吗？

第四部分
升职加薪，如何做到一路开挂？

升职加薪的痛点是，不管你多劳苦功高，给公司挣多少钱，你都是把老板口袋里的钱掏出来，装进自己口袋，最关键的，你不能做小偷，要做到老板开心地把钱掏出来，至少也得自愿！

"你什么都不缺，要能力有能力，要才华有才华。你最缺的，就是一个展示自己的机会！"

这样的话，大家经常听见，可你真的信了吗？

千万别信。

因为，真正能够掌握你升职加薪的人，肯定不会和你说出这样的话，能和你说出这种话的人，如果不是忽悠你，那就是与你一样，正在升职加薪的十字路口望穿秋水，茫然失措。

商场如战场，企业存在的每一天，都等同于"打仗"，试问，还有什么地方比在战场上立功的机会多呢？

升职加薪，其实就是用工作的实际，回答好3个关键性问题：

1．上司认可你的能力了吗？

2．同事愿意跟着你干吗？

3．竞争对手希望得到你这样的人才吗？

第六章 | 你值多少"钱",不能让上司用"感觉"衡量

兵圣孙子有云:"善战者,无智名,无勇功。"这句话告诉我们,"真正善于打仗的人,既得不到智慧的美名,又没有赫赫的战功。"

为什么?

因为善于打仗的人,在打仗之前,就已经做好了充分的谋划和准备,想好了战胜对手最简单直接有效的办法,实施的时候,水到渠成。给人的感觉呢?好像战胜对手本来就是件轻易的事,不费吹灰之力,完全引发不了大家的关注。

这是一个极为普遍却又极度残酷的现实。

这样的"忽视",不仅会出现在我们的战场上,同样,它会出现在我们的工作中。如果我们不幸碰到一个比较抠门的老板,在他眼睛一睁一闭之间,那升职加薪的机会说黄就黄了。

作为一个付出努力和汗水,并且已经取得良好成果的工作人员,如何有效避免这样的"忽视",就显得异常重要了。

第一节　工作业绩"说话"，你就是下一个升职加薪者

职场上流传着很多是是而非的道理，有些流传很广，有些在不同人的心里有着不同的意思。比如："没有苦劳也有苦劳""多做事少说话"等。这些话是谁说的呢？我们不清楚。他们说这些话的背景和目的是什么呢？我们也不清楚。可是，就是这些我们什么都不清楚的话，却有许多人都信了。

企业作为一种营利性组织，在有限的市场空间里，既面临着自身生存与发展的压力和风险，又面临着其他企业虎视眈眈的挑战。如果不能用"业绩"说话，企业仅靠"苦劳"能够存活吗？

比尔·盖茨曾经说过：能为公司赚钱的人，才是公司最需要的人。

我们把这句话用在自身工作中，可以理解为：只有业绩，才是个人工作价值的有效证明，才是升职加薪的基础和保障。

企业雇佣员工，看中的就是员工能够为企业创造"利润"。

一、什么是"工作业绩"

每当我们说到"业绩"，很多时候，都会被理解为销售人员和销售团队所创造的营业性收入。按照这种理解，企业的其他部门是不是就没有业绩呢？情况显然不对。所以，在管理层人员的评判中，更愿意将业绩理解为"为企业所做的贡献值"。

二、学会让"业绩"说话

让业绩说话，主要针对的是没有"经营性收入数据"进行支撑的非营销部门及人员，因此，上司对相关部门和人员的"业绩"评价，一定程度上，容易出现主观和片面现象，特别是在一些考评体系和制度不够完善的企业，这样的情况更为严重。

也正因为如此，作为一名职场人士，如何保护好自我的"劳动成果"，让上司给到我们的评价更为"公平"，就显得异常重要。

而要让自己的工作业绩得到良好展现，我们可以分为三个步骤：

1. 制订工作计划，以"工作和项目数据"支撑"业绩"

对部门和个人一年的工作进行提前规划，这既是一个良好的工作习惯，也是展示工作业绩的重要方式。因此，不管是部门还是个人，这样的做法，不仅能够让工作变得更加有序，还能让"业绩"体现得明明白白，更能在上司面前获得较高的印象分。

当然，这样的计划，必须对公司的发展和改革提升有着一定的促进作用，能够推动公司相关工作高质量发展。

比如人事部门，可以从提升公司员工素质，激发团队工作热情，降低人员费用支出，拓宽公司招聘渠道等方式制定工作计划；办公室可以从节约公司办公经费，畅通公司信息渠道，加强政府及管理部门项目申报等角度，开展相关工作计划；生产部门可以从提升产品创新创意、提升产品生产能力、提升产品品质等角度出发制定计划；服务部门可以从增强顾客满意度、提升投诉处理能力、降低顾客投诉处理成本等角度进行计划制定等。

在计划制定的过程中，一定要对相关数据进行强调，特别是对过去的数据与计划的数据进行对比分析等。

2. 多请示，苦干事，勤汇报

在企业里，我们经常会见到两种人，一种是每天忙得昏天黑地，干了大量的工作，却还经常被上司批评。另一种人呢？经常往上司办公室跑，一谈就是半个小时，所做的事情似乎并不多，却经常被上司夸奖。最让人可气的，每当有升职加薪机会，跑上司办公室的人，往往最容易得到。

为什么？

难道真是埋头苦干的不如"耍嘴皮子"的？

当然不是。如果真是这样，那公司的层层上司、公司老板，能容得下这样的人吗？

所以，出现这样的结果，只能说明一个问题，就是大家平常喜欢把"埋头苦干"作为优秀员工的标准，实际上误入歧途了。上司眼中的优秀员工，是"多请示、苦干事、勤汇报"的员工。

经常向上司请示的员工，不仅能够更好地理解上司意图和思路，还能够得到上司的特别指导。这样的工作方式，所做出来的成果自然更能让上司满意，工作效率和质量也会更高。

"苦干事"，指的是在正确的思路和方法下努力工作，干出更好业绩。如果什么都不理解，一味埋头苦干，最终的结果是既耽误了时间，又浪费了自己的精力，还浪费了公司的资源。这样的内耗，任何公司都承受不起，自然应该受到上司的严厉批评。

所谓"勤汇报"，就是要及时向上司汇报工作推进情况，特别是在工作遇到困难的时候，一定要向上司汇报，便于上司在第一时间做出决策，帮助我们更快更好解决困难。反之，如果我们不汇报，很容易耽误时间，这对于公司来说，必然造成损失。

同时，经常向上司汇报，也能更清楚地让上司感受到我们工作的方法、质量和效率，从而让上司更好评判我们的工作"业绩"。

所以，要让"业绩"开口说话，我们首先要做的就是"多请示，苦干事，勤汇报"，也就是我们自己要先说话。也只有这样，才能获得上司关注与重视，才能真正把"业绩"展现出来。

3. 重视工作总结

"我最讨厌写工作总结了。你说，这一个项目都做完了，不把精力和时间花在新项目的开发上，还老是在旧项目上纠缠不清，那算个什么事呀？"

"做总结？我觉得就是应付个差事而已。上面的人想要，下面的人呢？就弄个东西上去凑呗。反正，那东西既不能增加产值，又不能增加利润。做企业，还是干点能看见钱的事比较实在。"

……

关于总结，我们有很多人都有所误解。

总结是什么？

总结就是让工作"业绩"说话的重要方式。不管是工作总结、项目总结、还是年终总结等，我们要做的内容是什么？是我们的工作成果、工作效率、工作质量、工作反思。换言之，工作总结就是我们一个项目，一个阶段甚至一年工作成果最全面、最系统的展示。我们可以试想一下，如果一个人连自己的工作成果都不重视，工作经验和教训都不梳理，又怎么可能干好工作呢？

总结是什么？总结还是吸引上司目光的焦点。

稍微成熟的公司和管理层人员，一定会高度关注公司各个部门的总结。因为各个部门的工作情况，直接关系到企业的竞争力，是上司对下一步工作进行决策的基础。同样，也是一个团队、一名员工展示自我的最佳机会。作为一名企业职员，如果连这样的机会都不去抓住，甚至连上司重视的工作都不关注，我们又还指望他能关注些什么呢？作为公司上司，又会怎样想这些人呢？

抓住每一次总结撰写的机会，把工作业绩摆进去，把提质增效的改革思路摆进去，把下一步工作计划摆进去。

如此，你才可能引起更高层的上司关注，成为下一个升职加薪者。

三、懂得让"业绩"彰显战功

一个人的工作业绩，什么时候显得"尤其珍贵"？毫无疑问，就是临危受命扭转战局的工作业绩。

一个人的价值，什么时候能够体现得淋漓尽致？毫无疑问，就是身上带着英雄光环的时候。

"时势造英雄，英雄也造时势。"战场如此，职场同样如此。

企业如人，我们每一家公司，在经营发展过程中，都摆脱不了"人无远虑必有近忧"的命运。

谁能解忧，谁就是"英雄"，谁就能拿到"赫赫战功"，赚取人人称道的响当当的名声。

我有一位做茶业销售的朋友，在市场上打拼了十多年。他原本是一家企业的销售人员，后来做了这家企业的区域代理。再然后，自己一同代理了好几个品牌的产品,生意日渐红火。

这个时候,他原本所在的茶业公司,销售严重萎缩,几乎已经处于濒临破产的地步。

当时的老板找到他,请他帮忙想些办法。他呢?始终记着老板的情,立刻前往公司,并对产品包装进行了调整。同时,还花钱购买了几位农业专家研发的新产品,又对原有市场渠道进行梳理。

新品上市后,他亲自前往门店开展推销工作,仅仅一个多月时间,销量就翻了好几番。

企业活了,老板先是聘请他为总经理,再后来,干脆把80%的股份都转让给了他,他成了公司的实际控制人。公司的所有员工,对他也很尊重,觉得是他保住了大家的饭碗。

无独有偶。在稍微有些声誉的企业中,我们只要深究了解一下高管人员,大家就可以轻易发现,他们除了有一张能说会道的嘴、丰富的行业知识,然后就是累累的工作硕果。

让工作业绩说话,我们要做的,不仅是要业绩替我们说话,彰显一名战士在战场上的战功。此外,还需要我们自己能替业绩说话。

当然,需要注意的是,不能稍微干出些成果,甚至还算不得干出了什么样的成果,就想着上司应该给自己加薪,把自己提拔到什么样的岗位。我们相信业绩的力量,但业绩只能算是一截一截的阶梯,我们只有累积到一定时间,才可能由量变引发质变,成为下一个升职加薪者。

一路开挂
职场小白升职加薪密码

第二节　主动推着上司走，你有无数升职加薪的理由

谁掌握着我们升职加薪的命运？

这句话其实不好回答，事关我们升职加薪的因素很多。可换种问法，谁卡住我们升职加薪的脖子？在我们升职加薪中起关键性作用。

回答：上司。

在我们日常工作中，经常会出现一种情况：自己的想法与上司的想法会出现偏差，沟通之后，依然没能说服对方。

面对这样的情况，会有不少人做出不理智的行为，到处跟人说自己的上司愚蠢，说上司不给下属机会等。

无疑，这样的行为是非常不理智的。

一是有很多问题，解决的办法都不止一种，上司选择的解决办法，一定是他认为最值得最擅长的；二是当我们说出这种话的时候，其实就已经显示了自己在性格上的许多缺陷。如：不尊重上司决策、到处搬弄是非、影响团队和谐、没有大局意识、自命不凡等。最为关键的，在决策面前，最需要对失败负责的人是上司自己，也就是上司错了自己要负责，下属错了上司同样也要负责。下属呢？往往是被容许出错的。三是上司带领团队，是希望团队能够帮助自己更好地完成相关工作，而不是影响团队工作。

我们可以提出建议和意见，甚至努力说服上司，但采纳与否，最终需

要上司拍板。

企业是由各个团队组成的，上司就是团队的核心，主动推着上司走，就能同心协力，共同创造出更好业绩，成为人才辈出的团队。自然，大家都能获得"升职加薪"的机会。

如果我们能够主动推着上司走，成为上司的左膀右臂，在团队进步中，又何愁没有更好更快的机会升职加薪呢？

一、了解上司需求，为上司做好服务工作

在职场上有一定经验的人，一般都会听上司或资深前辈说过这样的话：我们是一个团队，要团结一心，那样大家都好。

但是，如我们的理解仅限于此，够吗？

我想，大家都曾见过或听过这样一些事：

一是蚂蚁搬运食物。一群蚂蚁同心协力，能够搬动比它们大数倍的食物，一路上，还有牵成线的蚂蚁，来来往往川流不息，相互热情地打招呼。可是，只要有小孩捣乱，拿根小棍子将食物挑飞，那他们辛辛苦苦搬运，眼看就要到嘴的大餐，可能就会泡汤了。

二是我们的军队打仗，特别是冷兵器时代的战争，大家都是刀枪棍棒，都是豁得出命去的士兵，也都是平时训练有素的团队，为什么会出现几千人胜万人甚至几万人的事情呢？

三是我们经常看到，一些人环绕上司身边，帮上司做事，但大家都会在心里骂一句"马屁精"。而有些人呢？也给上司提包，做事，但大家说的却是这个人情商高，有集体荣誉感。

看完上述三种情况，我想大家都会有一种感觉，团队并不仅仅是一

群能够相互帮助的人组合在一起。大家必须是能够相互配合，而且在配合中能够取得战斗力倍增的效果。还有，以上司为核心，做好上司的服务工作，也不是每天在上司面前谄媚，更不是去想办法满足上司的不良嗜好，而是根据团队需要，懂得更好配合上司工作。

换言之，要了解上司需求，做好上司服务工作，主要包括三个方面：

1. 找到上司健康生活的"不足"，关注上司健康

"身体是革命的本钱"，作为新入职场的年轻人，大家最容易忽略的问题就是身体。但是，作为一位努力工作多年的人，最容易得的病，就是职业病。职业病已经成为个人升职加薪的重要"杀手"。

上司作为团队的核心、领头羊、指路人，健康的身体尤为重要。一个经常生病的上司，根本不可能应对瞬息万变的决策需要，也必然会影响整个团队的业绩和气势。这样的例子，可谓屡见不鲜。

许多年前，我在某企业家协会负责宣传方面的工作，认识了一位业务开拓能力很强的酒企总经理。他有比较严重的糖尿病，因此，不能喝酒。当时，他们公司有一笔非常重要的业务，与某大型企业进行合作。他们公司前后差不多准备了一年时间，不仅投入了很多精力在谈判桌上，为了达到对方合作的要求，还在基建上投入了大量资金。

一切准备就绪后，他带队前往签约。他们赶到签约的城市，与对方简单碰面沟通后，一切都很顺利，准备第二天举办签约仪式。当天晚上，他很高兴，就让下属准备了个小小的庆功宴，还邀请对方人员也一起参加。宴会上，他忍不住喝了几杯酒。可大家谁也没有想到，他当晚竟然病发去世了。

由于出了人命，大家都被警方进行调查，签约仪式自然举行不了了，更为严重的，对方公司参与此项活动谈判的人，由于参与了他们的宴请，被董事会作出降职处理，而且不再负责此项工作。再后来，整个业务都黄了。由于公司在基建投入方面向银行贷了很多款，一个连锁反应下来，公司遭遇了巨大损失。

那些跟着总经理一起参与签约仪式的人呢？也同样遭到了公司的降职和降薪处理。

员工作为上司身边接触最密切的人员，关注上司健康，特别是在平时的工作中关注上司健康生活习惯，在一定程度上帮助和提醒上司，有着极为特殊的价值和意义。

2. 找到上司工作方面的"优劣"，关注团队效率

企业的工作，是团队作战，不是上司一个人单打独斗。所谓团队作战，那就一定要有所分工，整合优势，相互配合。如此，才能真正发挥出"1+1>2"的团队效应。

然而，我们的职场上，总是会出现很多工作多年，但却一直未入职场之门的员工。个人就经常碰到这样的情况。比如，我们在同学、朋友聚会时，经常会有人说出这样的话："我们上司没什么文化，很多字都会读错，让他来做上司，简直侮辱大家的智商""我们上司技术方面根本就不行，居然做我们的上司"……

大家说的是事实吗？当然。可作为有管理经验的人，听到这样的抱怨，心里所得的结果可能与表达抱怨者所想完全不同。

一是这个上司有眼光，能够找到工作专业能力强的人给自己做队员；二是这个上司管理能力有待提高，没能让团队形成合力，反而出现了内耗。

作为企业的上司，不管是高层还是中层，都需要组建自己的团队。如果我们发现一家企业总是一个人在工作，那这个团队就一定有很大的提升空间。如果我们看见的是老板一个人在工作，那这个团队的组建就完全失败了。因为，大家形不成优势互补，发挥不了团队效应。这种情况，甚至连团伙都不如。

正所谓"人无完人"，上司也是人，不可能什么都精通，而且，上司也无须对什么工作都精通。上司的职责，本身就是排兵布阵，是决策，如果上司干的是员工的活，那上司价值在哪里呢？员工招来干什么呢？

所以，懂得职场规律的员工、聪明的员工，一定会关注团队，关注上司。他们会去找到大家的优势和劣势，使自己成为团队效率发挥不可或缺的一员，甚至成为帮助上司更好激发团队活力和效率的人。

3. 找到上司问题处理的"不足"，给出优化建议

"智者千虑，必有一失。"

上司作为一个经常做决策工作的人，不可能把每个问题都能处理得尽善尽美，毫无瑕疵。甚至有很多时候，由于受到多种因素影响，比如公司上传下达的信息通畅性、外部信息渠道等问题，都会影响决策效果。这时，就需要我们的每一个员工，充分利用自己所掌握的决策技巧和情报，特别是一线的工作情报，帮助上司找出不足，给出优化建议。

很多时候，作为企业中的一员，我们不仅能够从自身的角度，感受到上司存在的问题，我们还能从同事、从客户等方面，获得有关上司问题的有关信息。这些时候，我们都可以与上司进行有效沟通。这样，我们不仅能够帮助上司，还能从上司嘴里，学到很多职场和决策知识。

当然，我们要非常注意沟通的方式，否则很可能就变成了让人讨厌的

"告密者""马屁精"。

二、研究客户需求，为上司做好工作参谋

作为企业的一员，我们首先必须弄清楚一个问题：我们赖以生存的"衣食父母"是谁？

人事部？财务部，还是老板！

不，都不是。因为，真正给到我们钱的，是消费者，是客户。企业所有的工作，都必须围绕"客户"这个核心开展。

上司作为决策层人员，不可能像员工一样，完全融入市场一线，能够深入体会和准确把握客户需求。

他们所能依靠的就是一线员工。或者说，我们的一线员工，就是企业各级上司放在市场上的眼睛，是他们做决策时最靠得住的信息支撑。我们只有成为上司需要的那双明亮的眼睛，不断去了解和发现客户的需求和期望，才可能真正成为上司的依靠。

当然，这其中也包括我们非营销部的人员。比如我们的客户服务部、人力资源部、财务部、办公室、宣传推广部、生产研发部等。

许多年前，我在某幼教集团担任董事长助理，同时兼任营销企划部负责人，就曾在招生过程中做过一次有效探索。

那年，我们的许多幼儿园，招生情况并不是很好。按照以往的招生办法，我们在报纸、户外都做了不少的宣传广告，但每天的电话访问量，却一直处于下降的趋势，完全达不到预期目标。董事长着急，园长们也着急。我思考一下，决定启动全员招生模式，将我们各家幼儿园的教职工，全部安排出去，根据目标群体生活轨迹，到人流量集中场所派发招生宣传

资料。

作为一家有着良好品牌效应的幼教集团，我们的教职工，开始还很抗拒这样的方式。但是，当他们真正走上街头，与我们的潜在客户面对面沟通后，却发现这样的方式确实很好。

他们说，以前的时候，大家的工作重心完全都放在小朋友的教学研究和探索方面，通过这样的方式，大家才明白，原来家长的需求远远不止如此。比如家长的工作平时都比较忙，接送孩子也不一定能够准时，接送车虽然可以送回家，但家里也不一定有人，所以需要更多个性化的服务。还有，许多家长希望自己的孩子能够多增长些见识和知识，需要幼儿园多推介一些适合给孩子讲的故事，特别是新奇的知识点等。

家长们呢？通过幼儿园老师的解读，也更加了解幼儿园在教学、膳食等各个方面的安排，并告知家长，我们会考虑更多家长个性化的服务需求，会根据大家的服务需求调整我们的工作。

如此，当年的幼儿园招生，大获成功，多所幼儿园满员。集团还给每位参加招生的老师发放了奖金。

当然，从整个集团来看，大家都获取了许多重要信息。比如教研组，大家在制定课程时，就加入了许多个性化教学服务内容；营销推广组，在宣传推广物料上、解说上，都有了很大提升。这些信息在决策层面，发挥的作用更大，比如教材引进、教学设备引进、服务体系完善等方面，都更具有针对性。

在此基础上，集团还通过了一系列的措施，快速赢得了家长的良好口碑和推介，许多加盟商纷至沓来，沟通洽谈加盟业务。

从个人角度说，不仅得到了上司的高度认可，也得到了各园所的信任，为各项工作的沟通和推进，奠定了坚实的基础。

三、把握专业行情，为上司做好决策参考

参与市场竞争是企业存在的根本属性，企业要取得突破发展，不仅需要根据自身和市场需求积极创新，更需要多了解行业类、专业类，甚至竞争对手的相关信息。

正所谓：知己知彼，百战不殆！

可是，这些信息从哪里来呢？同样，从我们各个岗位上的员工而来。换句话说，我们各个岗位上的员工，不仅要贯彻落实好上司安排的各项工作，还要立足自身岗位和专业，为上司提供更多决策支撑信息。

比如，一款好的财务软件，可以更快地为我们分析财务数据，这些数据能够很好地展示财务上存在的风险，同时还能指导销售部门在账款方面应该注意的事项。如果我们能够引进这样的软件，将对工作效率提升有着重要的价值和作用。我们的生产部门呢？可以了解专业的生产设备信息、市场上同类产品的信息等，这些都是上司决策需要的参考信息等。当然，我们的办公室人员，可以带来更多政府政策方面的信息等。

作为企业的决策者，这些信息，对上司有着非常重要的价值。如果我们能够在这些方面帮助到上司，自然就能引起上司的关注与重视，为团队和个人争取到更多升职加薪的机会。

第三节　资源积淀有多厚，个人能力就有多强

"他的能力其实很一般，靠的都是他那一帮同学在帮忙。如果没有那些同学在支持，他能有今天？"

"论做事！我起码甩他几条街。他嘛，就是一天到处搞搞关系，哪里像个做事的人！"

"老板能够看上他，不就是看上他那些关系。如果没有那些关系资源，谁能瞧得上他。"

……

关于个人圈子，很多人都会以一种偏见的眼光看待。殊不知，用这种眼光看待个人圈子的人只有两种。一种叫"不入门"，另一种叫"羡慕嫉妒恨"，其实都不是什么好词。

我们看看那些成功创业的人士，谁没有自己的"圈子"，谁靠的不是圈子带来的资源成就自我。

对于企业来说，圈子资源就是发展的支撑；对于团队来说，圈子资源就是执行力的保障；对于个人来说，圈子资源就是晋升的基础。

一、积累"政府资源"，畅通企业"挣钱"路径

政府资源重要吗？

如果不是专门提起，对于普通员工来说，这似乎是个离得很远，甚至很难想起的话题。

可是，对于管理层的人员来说，却是个任何工作似乎都绕不开的"坎"。

一家企业的发展，首先必须有一个有利的生存空间。谁在这个空间里发挥决定性作用，那就是"政府"。

我们的企业注册，需要政府审批；我们的产品质量，需要符合政府的相关规定；我们要招聘员工，需要符合《中华人民共和国劳动法》规定；我们要经营，还需要向政府交纳各项税收……

因为，我们的企业并非独立存在，它是政府管辖的社会经济组织。

近年来，随着经济的发展，政府还出台了各项优惠措施和补贴，将政府与企业的关系拉得更近。

在这样的状态下，作为企业的一员，又怎能不重视政府资源呢？

我有一位从事人力资源工作的朋友，在某大型集团人力资源经理岗位上已经足足干了5年。他感觉，如果自己再这样下去，对个人能力提升将非常不利，所以就辞职离开了公司。

由于没有其他工作岗位的经验，他应聘到一家科技公司时，只得到了一个办公室主管的职务。当时，公司人力资源部的经理告诉他，这个办公室主管的职责是专门和政府机构人员对接工作，为公司办理各种手续和申报各类资金，如果能够成功申报到扶持资金，公司还会根据一定的比例，单独进行奖励。他几乎没有多加考虑就应承了。

到公司上班以后，他先是查阅了相关政府部门的各类文件，然后就前往各部门进行拜访，了解相关情况。很快，就得到了一个申报高新技术扶持资金项目的机会。他一边学习一边开始撰写项目申报材料，加班加点把申报书做出来，然后立即去找相关部门的工作人员，请他们帮忙指导。如此过了三遍，一本高质量的项目申报书就完成了。

当然，公司获得了一笔可观的项目补助资金。

随后一年，他除了回公司准备资料，几乎都泡在各家单位。有项目时，就做项目工作，没项目时，就帮各家单位打打杂。

年底一汇总，他帮单位申报到的各类资金补助，竟然高达1600多万元，引起了业界的广泛关注。公司董事长多次找他谈话，并在年终员工大会上，宣布提升他为公司副总经理，年薪超过100万元。

积累"政府资源"，就是畅通企业"挣钱"路径。

申请政府扶持资金如此，开展其他工作同样有效。作为一家企业，通常情况下，对于办理各项政府相关工作的流程、要求、资料准备等都不会很熟悉，花在上面的时间、人力成本极大。而且，很多信息，大家其实都不知道，浪费了很多资源和机会。

作为一名企业员工，如果能够在政府资源上有所突破，对于企业来说，将形成很大的助力。

二、积累"市场资源"，强化企业"盈利"保障

在业界，曾经有句大家公认的话，叫"渠道为王"。它的意思是，畅通产品销售渠道，构建良好"渠道网络"，是企业经营最重要的内容。

这句话放在今天，很多人已经不太认可，认为在信息高度发达的今天，产品本身是否能够满足顾客消费新期待更为重要。

但是，不管大家如何争论，其出发点和落脚点，都还是属于"市场"的内部矛盾，争论得越热烈，也越显示出市场的重要性和关键性。换句话说，公司的所有工作，都需要围绕市场转，得市场者得天下。

当然，作为企业的一员，不管我们身处什么样的岗位，我们的工作，也必须从市场角度出发。

在个人的职业生涯中，就曾碰到过很多例子。

十多年前，我在某贵金属企业工作，认识一位50多岁的大姐。她是应聘来公司的，但她什么待遇都不要，只要销售提成。企业呢？给她的名分，也就是XX公司产品顾问。更让人诧异的，她自己甚至拿出70万元的资金押在公司，要求公司允许她把看上的产品带出去，向顾客面对面推荐。当然，她所拿的产品价值不会超过押金额度。

她确实有着非同一般的人脉资源，并且很快就有了成效，第一单就销售了30根金条。

再后来，她专做各种定制业务，如纪念徽章、礼品等，一年下来，个人销售业绩过亿。

公司董事长都被她的市场资源折服了，多次邀请她加入公司，担任集团总经理职务。

我在做会展行业的时候，有个刚从学校毕业一年的销售人员，每次都会代表企业前来参展。时间长了，大家也都熟悉了。有一次，我与他聊天，自然就说到了他来参展的事。

我问："你们公司怎么每次都派你来参展呢？"

他说："我们公司的人，大家都怕出来参展。他们有的有孩子，出来参展就要请人帮忙照看。有的觉得参展很累，要发货、收货、搬东西、收东西，觉得累得不得了。有时候，买东西的人多，还容易丢货，收到假钱等。所以，大家就更不愿意了。公司有什么展会，上司都派我参加。"

我说："你就不觉得累吗？一年四季到处跑。"

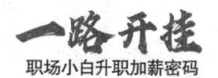

他说:"开始的时候觉得挺累,现在,反而喜欢了。"

我说:"为什么?"

"可以积累客户呀!"他笑了起来,又道:"我是学计算机专业的,平时喜欢研究些电子商务网站,自己也在电商平台开了店铺,销售公司产品。到公司上班以来,我几乎都在外面做展会。我发现展会除了可以线下卖东西、发展经销商等,还能把顾客引到线上买。我印制了很多名片,上面都有商铺网址,顾客买了觉得好,都会上网去买。"

随后,他还说,通过展会,与很多行业内的企业都熟悉了。他还向老板推介过几家原料供应商,价格要比公司原来的采购价便宜三分之一。鉴于他在展销方面取得的成绩,老板最近还单独成立了个会展部,晋升他为经理。老板还说他的电商商铺做得不错,下一步,公司可以考虑拓展这块业务,也由他管。

积累市场资源,帮助公司提升"盈利"能力,这是每一家企业每一位上司都高度重视的事。如果我们能够把心思多花在上面,创造出良好的业绩,又何愁不能升职加薪呢?

三、提升"公关能力",巩固个人"晋升"圈子

如何获得我们想要的"圈子资源"?

对于职场人士,这其实是很多人都在"埋头苦干",但却不一定都能成效显著的问题。我们甚至有许多人,混了半天圈子,不仅没能打入圈子,结交到很好的朋友,反而把自己混成"要饭者"形象,成为大家酒足饭饱后的谈资。

这其中就涉及到一个关键性因素,个人公关能力。

简单而言，就是要事先想清楚三个问题，即：如何进入目标圈子、如何融入目标圈子、如何实现目标。三个问题都能解决，才可能获得自己想要的"圈子资源"，反之，则是浪费精力、财力和时间的无效社交。

在2005年的时候，我认识贵州某酒业公司的老总，当时，他只是采取贴牌方式开发了一款酒。他没有任何从事酒业工作的经验，所以，当这款酒开发出来时，连最基础的销售渠道资源都没有。

很多人都不看好他的这项投资，觉得他是以一个外行人的身份来抢内行人的饭碗，最后只会被碰得头破血流。

他把目标锁定在全国各地的企业家身上，希望通过商协会的平台，将他们的会员变成自己的经销商。于是，他四处与商协会对接。由于为他开发酒品牌的企业非常有知名度，得到了不少商会的支持。很快，他就在全国各地的高档酒店举办起了招商品鉴会。

酒的品质的确不错，加上他那异于常人的演说能力，一年下来，销售额就突破了亿元，比许多做了十年以上的酒企还要多。早在2017年的时候，公司就已经开始围绕突破100亿元目标做准备。

圈子是"资源"的集聚地，用得好，力量非常强大。作为个人，获得的相关回报，也将非常可观。

提升个人的公关能力，围绕公司的业务发展方向，建立和巩固自己的"圈子资源"，意义非凡。而所谓"公关能力"的提升，实则就是围绕"进入圈子，融入圈子，借力圈子"想办法，寻突破。

第七章

在协作和竞争中，让同事给你"神助攻"

"我觉得他（她）在工作方面，还不足以带领大家创造更好的业绩，就连他自己的工作任务，都不算完成得很好。"

"我觉得他（她）在上司同事一起工作方面，还有很大欠缺。平时，在与同事相处中，他（她）做得就不是太好。同事们呢？也没有几个人服他。假如他成为我们的上司，很难把团队拧成一股绳，激发团队力量。"

"我觉得他（她）比较自私，有什么好的工作经验，不肯与大家分享。同事们忙的时候，他（她）也不愿意伸手帮忙。"

……

试想一下，如果在你升职加薪的时候，同事们向上司和人力资源部提出这样的看法，这次升职加薪，成功概率还剩多少？

同事作为我们长期一起工作的伙伴，有时候，看我们，可能比我们看自己更清楚。他们就像一面镜子，随时照出我们身上的优点和缺点。在我们升职加薪过程中，他们的意见虽然起不到决定性作用，却也是影响上司决策的重要参考。

一个人的升职加薪，大家以前喜欢将其称之为"提拔"，意思是上级上司选拔任用。现在呢？大家更愿意将其称为"晋升"，更加突出了个人的努力和背后团队的助推力。

这种助推力，就是我们需要的"神助攻"，就是众望所归的力量！

第一节　爱岗敬业，同事除了有雪亮的眼睛，还有评说的嘴

对于甘愿平庸的人来说，职场是个"吃饭穿衣"的保障，对于有远大职业理想的人来说，职场就是"修炼场"，修的是我们的"职业素养"，修的是攻坚克难的本领。

爱岗敬业，在工作中得到同事的认可，就是我们修炼入门的基础，是我们实现远大职业理想最重要的一步。

如果我们达到了"爱岗敬业"的标准，并且在践行中成为同事的榜样，那就将在我们的升职加薪中，获得同事巨大的帮助。

一、什么叫"爱岗敬业"

我每天都按时上下班，基本不迟到，认真完成上司交办的工作，这样难道还不算爱岗敬业吗？

我们的工作很忙很累，还要经常加班。只要上司安排，我基本从来没有推辞过，这样还不算爱岗敬业吗？

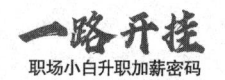

不算！

所谓爱岗敬业，我们首先要做到一个"爱"字，这是从个人内心出发，真正喜欢和珍惜这个岗位，是个人的一种情怀体现；敬业呢？指的是我们要把公司的工作当成自己的责任和使命，要带着敬畏的心情，多动脑筋，高质量干好每一项工作。

具体而言，分为三个层面：

一是应该做好自己职责范围内的工作，即带着个人的情怀和热情，高质量完成自我的岗位工作和上司交办的工作；

二是应该从团队角度出发，大家相互团结和帮助，同心协力，带着团队集体荣誉感去高质量完成团队应该承担的工作任务和使命；

三是应该从企业发展需求角度出发，立足岗位，高质量完成工作。

将其归结为一句话，就是带着"个人情怀，团队集体荣誉感，企业的主人翁精神"高质量开展工作。

二、爱岗敬业"三部曲"，成就个人"优秀基因"

一份职业，一个工作岗位，是一个人赖以生存和发展的基础。以前，大家都会认为，爱岗敬业是每个人都可以做得到的，也是必须做到的。可事实呢？有过经营管理经验的人都知道，这仅仅只是一个美好的愿望而已。

我们要真正做到爱岗敬业，最起码要闯过"三关"：

1. 做好自己：立足岗位，勤勤恳恳，精益求精

"刘总，我觉得你扣我的绩效不公平。我在公司是最苦最累的人，为公司的付出是最多的，这所有人都看得见。"

几年前，某办公室主任走进我办公室，拿着工资条为自己鸣冤。

我说："这次扣你绩效，是给你一个警示。你是公司请来的办公室主任，领的薪水是办公室主任的薪水。你每天去干那些搬搬抬抬的工作干什么？当然，帮助同事没有错，但是，你更应该把时间和精力花在自身岗位上。我交代给你的工作任务，有的你没能按时完成，有的虽然完成，但质量不高。你更应该把心思花在提高这些工作的效率和质量上。我不能因为你累就给你满绩效。如果这样，那我们公司的人员都丢下自己本职工作去保洁，那公司怎么运转？"

作为每个岗位上的工作人员，我们首先需要理解，每一个岗位都有自己的职责。爱岗敬业，一定先要"站好岗"，勤勤恳恳，不断学习，既要有胜任工作的能力，又要有对工作精益求精的态度。如此，我们才算得上具备了爱岗敬业的基础条件。

身在职场，我们必须明白，累并不等于爱岗敬业，按时上下班甚至加班也不等于爱岗敬业，如果连自己的岗位工作都干不好或者没干好，爱岗敬业，永远只是一句空谈。

2. 做好自律：诚实守信、公私分明、表里如一

每个人生活在这个社会，都会有不同角色，每个角色都有自己应该承担的责任和义务。在父母面前，我们是孩子，我们有孝敬父母的义务；在学校，我们是学生，我们有认真学习和尊敬师长的义务；在公司，我们是职员，我们只有在自己的岗位上干好工作，做好自律，才能真正算得上一个"爱岗敬业"的人员。

作为一名普通工作人员，许多人都会以为，自己不是上司，手中既没有权又没有钱，不存在自律问题。

可是，只要我们深思一下就会发现，我们每个职员，只要参与到工作中，就存在自律一说。我们与相关人员对接沟通，不管是客户还是同事，既要做到诚实守信，又要懂得什么该说什么不该说。比如，对于公司商业机密，一旦不小心透露给竞争对手，对公司造成的损失可能会难以估量。我们上班时候，占用着公家的资源，不能因为自己喜欢或家里需要，就把这些资源变为私产。我们更不能成为当面一套背后一套，说一套做一套的人……

"正人必先正己，正己才能正人"，生活没有黑角、死角，我们的职场更加没有。

同事的眼睛是雪亮的，每个人心中都有一杆秤，如果弄虚作假、欺上瞒下、歪曲事实、违背诚信，不管你的工作能力有多出色，只要缺少了高洁的人品，终将成为大家鄙视的靶子。

自律是一个人赢得大家信赖的唯一策略，我们也只有立足岗位，踏踏实实站好每一班岗，守好关卡，才能让同事竖起大拇指，由衷称道。

3. 做好榜样：率先垂范、不畏人言、持之以恒

爱岗敬业是一个人的优秀工作作风，是可以激发团队良性竞争和培育优良团队文化的榜样力量。这样的优秀作风，会在不知不觉间影响到身边人，最终形成良好的企业文化。

不过，任何一种优秀文化的形成，都不会一蹴而就，它会在一定程度上遇到阻力。在我的管理生涯中，就遇到过这样的事情。

当时，我在一家广告公司担任总经理职务，就遇到这样一名员工。

他是一名刚进入公司两个月的员工，拿着一份辞职信给我，说他在公司待不下去了，想离职。

这名员工我是认真观察过的，平时的工作很认真，做事一丝不苟，虽然是一名新员工，但工作效率，工作质量，比一般的老员工还要强很多。

我当时就问他，说你刚来公司，而且工作能力很好，应该是属于那种比较有前途的员工，为什么要辞职呢？

他先是说自己不太适应公司的文化氛围，然后，就说公司的其他员工有些不喜欢他，而且排挤他。那些同事经常一起聚餐，但从来都不会叫他。大家平时见到他，也都不理他。

我听完，马上明白过来了。

因为他的工作态度比较认真，我曾在董事长面前表扬过他，还把他的一些好的工作方式说了。比如：他每天都会做工作笔记，会对自己的公司进行总结和反思等。董事长呢？很快就把以前的几位老员工叫到办公室，狠狠批评一通，并在全公司推行工作笔记、工作总结和反思等。

这样一来，那些老员工觉得事情太多，不乐意了。他们不敢把脾气撒在董事长头上，就一致认为是这个员工想表现自己，出幺蛾子，最后害得大家都跟着吃苦受累，所以有些排挤他。

我当时就给他说了些道理。我说他已经走上了升职加薪的道路，而且已经迈出了第一步，也是非常关键的一步。他已经成功引发了上司和同事的关注，在团队中发挥了榜样的作用。

同事们为什么会排挤他？那是因为他们本来就不是一路人。

我让他一定要在大家的排挤中坚持做好自己，创造业绩，让大家都感受到这些工作方法的好处。当然，我和董事长也会把握机会，让他在适当的时候向所有人展示自己。

也就在几个月后，因为业绩快速上升，他被提升为公司主管，开始组建自己的小团队。

让他没想到的，好几个老员工，居然主动要求加入他的团队。年终评优，他获得最高票数。

三、金杯银杯，不如同事的口碑

美国著名推销员乔·吉拉德说，一个顾客抱怨的背后，会有24个相同抱怨的声音；一个顾客不满意所造成的损失，需要12个满意顾客的利润才能持平；吸引一个新客户的成本，是维持老客户成本的6倍。

这是一组营销数据，可放入我们的职场，放入我们的同事关系中，同样非常适用。

也就是说，如果一个同事抱怨我们身上的问题，那就一定要高度重视，快速检视自我做人做事的方式，改进提升。当然，这里所指，并非要求我们一味去迁就一些无理要求，恰恰相反，在一些无理要求面前，我们要坚决拒绝。因为，原则同样是成就个人口碑的根本。

我曾认识一位很有原则性的项目负责人，她的原则，甚至已经到了别人认为的"认死理"的地步。

她的老板就曾和我说过一个故事。有一次，安排她负责一个项目，由于项目中途出了点小问题，老板亲自请人帮助协调。由于每个项目都是独立核算，所以老板就拿着加油费、过路费、请人吃饭的餐费找她报销。她呢？立刻就朝老板拉下了脸，义正辞严地说，预算里没有这样的支出，所以不能报，报了就是坏公司规矩。她还骂老板带头坏规矩，没原则性，直接把老板脸都气青了。

可是，当公司再有项目的时候，老板还是忍不住让她带。为什么？因为她原则性很强，把每一分钱都算得清清楚楚。她所带的项目，客户满意度很高，利润也总是比一般人好很多。

她的同事呢？开始的时候，都把她当成笑话般的存在，可时间久了，却忍不住肃然起敬，对她的赞美也多了起来。

自然，每年发奖金的时候，她拿得总是最多，大家也没有任何怨言，反而觉得很应该。

金杯银杯，不如同事的口碑。当我们得到了同事们的赞誉与信服，就是等于在升职加薪的路上，获得了最具分量的砝码。

第二节　在团队中有了影响力，"转正"只是时间问题

在与一般员工单独沟通或交流中，我偶尔会问起他们两个问题：在公司里，你最愿意与谁一起工作？为什么！

他们会告诉我愿意和XX一起工作，而且，很多人说的都会是同一个人。不同的是，大家的原因有差异。有人说："我觉得他工作认真负责，而且任劳任怨。"有人说："我觉得他工作能力强，与他一起做事，能学到东西。"也有人说："我觉得他很大气，从不斤斤计较……"

与大家心中所想一样，这样的人，就是公司里具有群众领袖潜质的人。他们还不是上司，但却是每一位公司上司，都乐于去花精力培养的人。他们也还没有真正达到群众领袖标准，但是，已经具备成为领袖的群众基础。

如果有人要问：一个人的上司能力，真的可以培养吗？

我们的回答：当然可以！

或者说，这样的培养不仅可以，甚至远比个人独自探索、学习、实践，来得都要快。

当然，得到这样的培养机会，也等于自己半只脚踏入上司岗位。这也绝对称得上，是我们晋升路上，来自同事的最强"助攻"。

如果有人还要问一句：我们要怎样才能让自己成为群众领袖呢？内容主要涉及三个方面：以德聚人、以能聚人、激发团队。

一、以德聚人：唯有美德才能承载大家尊重

许多年前，我还在媒体做记者时，就有一个非常深的感触：越是位高权重的人，越是谦卑，越让人乐于亲近。反之，很多人成就不高，能耐不大，却经常表现出眼高于顶，拒人于千里之外的态度。

差距在哪里？就在品德修养。

《论语·里仁》记载，孔子说："德不孤，必有邻。"他用这句话告诉自己的弟子，一个人拥有了优秀的品德，就不会孤单，一定会聚集到一帮志同道合的朋友。

人在职场，更是如此。

1. 心胸开阔，是聚集同事的大广场

记得我还很小的时候，母亲就经常告诫说："你看牙齿和舌头的关系多亲密，可牙齿都会咬到自己的舌头。你和小朋友发生争执，没关系，不用放在心上。只要我们伸出友谊之手，明天还是好朋友。"

转眼间，许多年过去了，我一直记得这句话。因为这句话，不管是在学校里上学，还是在单位工作，我都能有一帮自己的朋友。

人非圣贤，孰能无过。

我们要有一定程度上的容忍力，能有给予别人犯错误的机会，不能因为一次小小的错误，就表现得咄咄逼人。如果一个人态度诚恳、工作认真，更应该给予适当的体谅和包容。

我有一位关系不错的前同事。许多年前，我们在一个大办公室里工作。有天早上，一个新来不久的女同事说他坏话，指的大约是他工作能力不行，做事一点都不灵活，不知道合理安排。然后还说他城府很深，整天一张笑脸，总让人觉得阴沉。

新同事话音未落，他就进门了。显然，他已经听到了。

新同事有些尴尬，连忙在自己的位置上坐下，低着头，有些手足无措。可他呢？依旧一副笑眯眯的样子，走到新同事旁边，说："不好意思，本来还想在门口多听会儿。你说的这些话，他们那些家伙平时都不会说，很难听到。可是！我看时间马上就要迟到了，不进来打卡不行了！"

几句话，大家都忍不住笑了。

有一次，大家聚餐，有同事问他脾气为什么那么好。他告诉大家：一是因为理解。人嘛，都会有这样那样的想法，有不同性格，他们的行为其实就是性格体现而已，完全没必要和他们生气；二是身在职场，站位一定要高。一个人在职场待的时间久了，就会看到很多人从不成熟走向成熟，慢慢地，感觉就像大人看小朋友成长，乐趣会比生气成分更多；三是因为同事关系。大家每天一起工作，就是一条绳上的蚂蚱，过于计较，影响的不仅是个人，更是团队。

一个人的心胸，犹如聚集同事的广场，越是开阔，越能承载更多同事的情谊和尊重。

2. 帮助同事，是赢得友爱的催化剂

许多年前，有位导师曾对我说过一句话：同事有问题不可怕，可怕的是你看不出同事的问题。同事有问题，就是你提供帮助和建立良好关系的基础。如果你看不出问题，那就代表你的水平太低。

企业是由一个又一个工作团队组成的，每一个团队，又像是一家家庭，我们的每一个队员，就像兄弟姐妹。

一个团队是否能够稳固，最重要的，就是员工能否够获得归属感。谁能够给到大家这样的归属感，谁就相当于这个家庭的"家长"。

当然，这样的帮助需要发自内心。

有人就曾给我说过这样一个故事：

很多年前，有个20出头的小伙子，大学毕业后到一家单位上班。由于出生在比较富裕的家庭，经常都会请同事吃饭，并请同事玩。可是，在单位上班一段时间后，却发现同事们都很疏远他，他请客吃饭，大家也不愿去了。

开始的时候，他以为大家都是仇富心理，对他是羡慕嫉妒恨。可后来，他发现顶头上司家庭条件比自己更好，但同事们却愿意和他相处，而且对他也非常信任和尊敬。

他去找了上司，询问大家为什么会排挤他。

上司呢？当时就问了他几个问题：一是他请同事吃饭时，谁点的菜？他说是他点的，但他挑的菜都是好吃的菜。二是问他是否了解团队人员的情况，还有是否关注大家每天都在干些什么？他显得很茫然。

上司瞧着他的神情，笑了起来。然后，很认真地告诉他。其实，并不是同事们都疏远了他，排挤他，而是他对同事们的漠不关心，让他没能融入团队。

就从吃饭点菜的角度说,他点的都是好吃的菜,但那等于是为自己点的。同事们呢?胃口肯定有所不同。所以,与其说他请大家吃饭,还不如说大家陪他吃饭。上班的时候呢?他总是埋头做事,从不关心别人在干什么,更别谈帮助同事了。这样的工作方式,完全忽略了团队,又怎能与团队融合呢?

这个讲故事的人,其实就是故事中的主人翁,也是我工作时的某位上司,一个很受大家尊敬和爱戴的上司。

他说那次听完上司的话后,对自己进行了深入反思。然后,改正自己,不仅很快融入到了团队中,还渐渐得到同事们的认可,走上领导岗位。

最后,他告诉我们,帮助同事就是为大家创造一个更好的工作环境,就能获得爱的力量。爱的力量,往往是无穷的。

以德聚人,我们还需俭以养德、勤于修德。

所谓俭以养德,就是要将优秀的品德融入我们的精神意志,而不是将其作为实现自我"升官发财"的措施,甚至恰恰相反,我们只有做到了淡泊名利,才能胸阔如海,承载更多人的尊敬,令德发挥出强大力量。用我们潮流的说法,也就是所谓的"破圈",我们只有破开自我胸怀的屏障,才能拥抱整个世界。

所谓勤于修德,就是我们要活学善用美德,在职场上,还有很多优秀的品德值得我们学习,比如:真诚守信、敢于担责、积极进取、创新开拓等。我们也只有不断学习进步,将这些美好的品德融入到我们的工作和生活中,才能点燃自我的美德之光,让美德成为照亮别人也照亮自己的指路

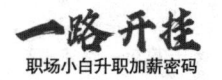

明灯。

二、以能聚人：唯有才华才能引领大家前进

对于拥有远大职业理想的人来说，职场就是"战场"，是人生价值实现的"舞台"，所以，天生带有"竞争残酷性"。因此，"能者上，平者让，庸者下，劣者汰"，既是成就自我和团队的根本，也带有生存与发展的必然性。以"能"聚人，也就成为"群众领袖"的关键。

所谓"能"，用企业运营管理的说法，就是：上司力！具体包括以下几种重要能力：

1. 谋划能力：登高望远，脚踏实地，重点突出

任何一个"领袖"，首先要解决的一个问题就是"我们要去哪里？"，然后就是"我们怎么去又快又好？"最关键的，是"大家去了会有什么好处？"这三个问题"回答"得越好，我们的"谋划"就越成功，大家的凝聚力就越强，团队就越有力量。

我们要做好这样的谋划，工作有三点：一是站位一定要高。我们只有从俯视的角度审视行业，才不至于一叶障目。当然，这也必须有一个前提，那就是我们必须先在思想上、知识上爬到山顶，至少要一步步不断登高；二是要充分考虑实际情况，坚持一切从实际出发，量力而行。只有这样，谋划才具有操作性，才能赢得大家的认可；三是谋事的落脚点一定要为众人，突出重点。我们只有真心为众人，为团队，才能真心换真心，将大家更紧密地团结在一起。

2. 组织能力：分工协作，优势整合，统筹推进

一个好的谋划要真正落地，最大程度保证预期目标实现甚至超出预

期，关键就在于组织实施。因此，一个人的组织实施能力，直接关系到个人声望形成，关系到人心所向。

论组织实施能力，我们必须把握几个原则：

一是分工协作。作为一个团队，每个人都拥有不一样的长处优点。根据每个人的特点分配工作，各司其职，将每个人的优势进行最大发挥，这样才可以加快工作效率，也才可以让员工找到自我工作的价值和乐趣，从而最大程度发挥出团队的力量。

二是优势整合。我们不仅要将内部优势进行整合，同时要对外部力量进行整合，形成内外互补。

三是统筹推进。兼顾工作各个板块推进的协调性，既要突出重点，又要补强短板。同时，既要注意工作步骤，又要发挥团队的主观能动性。

3. 管理能力：按规办事，公正处事，应急决策

管理能力是对工作落实的整体管控能力，包含工作的发起、执行、调整、完成及后续工作的整个过程。管理工作是否到位，关键看两点：一是我们的服务对象是否满意，是否愿意与我们继续合作；二是我们的团队是否满意，是否乐意按照这样的方式继续开展工作。如果客户与团队都满意，那就代表管理到位，反之则存在问题。

要实现这样的管理效果，我们可以从三个方面进行：

一是按规办事。没有规矩不成方圆。国家有国家的法律，企业有企业的制度和章程。按规矩办事，就是要认真贯彻落实企业制度，最大程度保障工作执行的效果和质量。同时，要及时发现企业制度的好，则能激发出员工的积极性、创造性，让员工拥有归属感。同时，还能吸引到外部精英人才和资源。制度有问题，则会产生人心向背的后果，导致企业一步步走

向衰落和消亡。

二是公正处事。处事公平公正是维系团队稳定和扩大团队的基础，既要做到对事不对人，又要能够听取大家的意见和建议。如此，才能营造出一个人人向往的工作和生活环境，产生聚集效应。当然，职场上，至少到目前为止，还不存在绝对的公平，但必须赢得绝大多数人的认可和好评。唯有如此，才能真正打造一个健康可持续的团队，收获更多的信任和赞扬。

三是应急决策。任何一项工作的落实，都可能面临一些意想不到的问题或者风险，成败就在瞬息之间。因此，一个人的应急决策能力，就是赢得大家称道的重要能力。

综上所述，以能聚人，就是要在日常工作中，通过自己的工作和经营管理能力，与团队一起干出令人信服的业绩。我们要通过这样的业绩，让身边人深刻感受到，跟着自己干，是一次非常有前途和有价值意义的正确选择。

三、激发团队：唯有协力才能托举伟大事业

对于身处职场的每一个平凡人来说，要实现自我的职业理想，都需要经历一个从平凡到优秀，从优秀到团队领头羊的过程。这是一个逆势而上的过程，也是一个杀出重围的过程。可是，不管我们处于什么样的状态，都必须谨记，团队才是我们的根基。激发团队力量，就是巩固根基，反之，则是自毁根基。

激发团队力量，方式方法很多，但从个人角度说，需要我们加以重视和运用的，主要有三种：

1. 组织活动：文化是团队凝聚之魂

一个优秀的团队，必须有优秀的文化。组织活动，就是彰显团队文化，增强团队凝聚力的重要方式。如经常开展户外拓展活动，能够快速增强团队之间的信任感；经常组织学习考察活动，能让团队快速成长；经常开展头脑风暴，能让团队配合更加紧密等等。当然，适当开展娱乐健身活动，对于团队之间的情感交流、身心愉悦也有很大好处。

当然，组织这样的活动，需要我们精心策划，有些甚至是逐步培育。我们任何一个团队的成员，各自兴趣都不会完全相同，要大家都乐于参加，就必须在功能价值、针对性的基础上做到有亮点、有新意。如在中秋前夕，组织开展团队家庭成员都参加的做月饼活动等，让家庭成员都了解和支持大家的工作。

通过活动，我们不仅要把团队凝聚起来，更要把团队的力量激发出来。作为群众领袖，更要通过沟通，争取到上司和企业的支持。

2. 树立典型：榜样是团队凝聚之本

懂得运用榜样的力量，是群众领袖必备的能力。在凝聚力建设方面，我们需要从以下几个方面着手：一是以身作则，把自己塑造成大家的榜样，让大家看到自己的优良品质特别是朝着目标进军的意志、信心。如此，我们才能吸引更多人参与到团队中。二是树立团队成员中的榜样，通过努力，让大家看到参与自己团队所获得的价值与利益，特别是让大家感知到加入团队的优秀行为规范。

榜样作为团队凝聚之本，其核心价值就在于示范效果的发挥。当然，任何一个榜样的塑造，我们都必须高度重视榜样本身的先进性，一旦我们树立的榜样出现形象崩塌，后果将极为严重。

3. 强化沟通：语言是团队凝聚之绳

语言沟通能力，是任何一个职场人士都必须不断学习提升的内容，更是上司和群众领袖必备的条件，应当高度重视。强化沟通，主要包括两个方面：

一是要多听大家的想法。唯有倾听，才能够真正懂得大家内心需求，也只有懂得倾听，才能吸收到好的建议，发挥出群策群力的能量。

二是要懂得通过语言激发出大家的热情。我们要能够通过语言，为大家描绘出美好蓝图，鼓励大家积极向上，不断取得阶段性成果，从而朝着既定目标勇往直前。

第三节　凝聚人心，先让老板和同事挣更多钱

我们为什么要工作？

最浅显直白的回答：挣钱！

对于绝大多数平凡岗位上的工作者来说，物质是生活的基础，而钱，就是获得物质基础的重要保障。

企业作为一个平台，其存在的最大价值，就是让所有员工能够通过这个平台挣钱。企业上司存在的最大价值，就是通过上司的安排部署，确保在依法上缴税收的同时，每个人都能挣到更多的钱。

换言之，能带领大家"挣钱"，挣更多钱，自然就会形成强大的凝聚力。反之，如果一个人连自我生存都有困难，又怎么能聚集起自己的团队呢？

一、没人会拒绝一位能带自己挣大钱的上司

几年前，一个朋友向我说起自己的职业经历。他来自于X省农村，初中毕业后就在老家务农，由于弟弟考上大学需要钱读书，父母已经年迈，所以就决定跟随弟弟一起到Y省省会城市，边打工边供弟弟上大学。

由于没有一技之长，他只能进入一家广告喷绘公司，所干的工作基本都是给客户送喷绘、搭桁架、挂喷绘等。他很珍惜这份工作，每次干活都很认真，就算高空作业，也一定会把喷绘挂到最好。

让他没想到的，因为工作认真负责，很快就得到了客户们的关注。开始的时候，那些客户打电话给公司，指定让他去干活。再后来，那些客户有业务，就直接打电话找他，甚至还给他推荐业务。最让他没想到的，两年下来，他个人承接到的业务居然占了整个公司的1/3，成为公司的销售冠军。

公司老总看到他的成绩，在开分店时，直接任命他去担任负责人。大家知道他要从原来的店里选拔人员，居然争着要跟他一起去，好多都是拥有大学文凭的专业人才。

三年后，由于业绩突出，他又被提升为公司副总经理。再后来，由于老板年龄大了，跟随子女去外省生活，直接就把公司转让给他。转让时，公司没有一个员工流失。

我认识他的时候，他已经成为某集团公司的董事长。团队里，很多人都属于行业里的精英人物。

挣钱就是凝聚力，这是每一个有着远大职业理想的人员，都必须要高度重视的职场命题。选择一位能带领大家挣更多钱的人做上司，既是企业

发展需要，也是人心所向。

自然，一个能带领大家挣钱的人，就能形成自己的小团队，在升职加薪的路上，也得到同事助攻最多的人。

二、打造一支能"挣钱"的队伍

一个人能"挣钱"，只是个人市场能力的体现，可是，企业作为团队生存与发展的平台，最重要的，还在于团队的力量。

十多年前，我在从事广告行业的时候，结交了大帮业内的朋友。他们基本上都属于业内的精英，市场开发能力很强。但是，这群人里面，明显存在发展上的两个方向。

有些人，他们喜欢自己单干，不愿带团队。他们觉得带团队很累，不仅浪费自己的精力，还影响自己开拓业务的时间，直接影响到自己的收入。自己好不容易培养出一个人才，搞不好没多久就流失了，跑去其他公司，反而成了自己的竞争对手。

有些人呢？他们愿意带团队。他们把业务进行划分，自己专攻重要客户和新客户，把一般的客户留给下属，让他们去学习和锻炼。同时，也会对他们的业务工作进行指导。

如今，十多年过去了，大家的变化很明显。

带团队的人，不是自己创业就是成了大集团公司的高层，每天指挥着团队开展工作。

不带团队的人呢？个人业务能力依然很强，基本都成了独立广告人，不断与不同的公司进行业务合作。每天，依旧在一线忙碌和打拼，依托个人的业绩获取收入。

从收入角度看，带团队的人，普遍要比独立广告人高上许多。显然，打造一支能挣钱的队伍，对于我们每一位职场人士来说，都有着重要意义。

打造一支能挣钱的队伍，并非老板榨取我们的"剩余价值"，也不是浪费自我创收时间，它是一种升职加薪的"助力投资"：

一是帮助同事提升创收能力，等于提升自我在企业发展中的价值和贡献，能够赢得管理层人员的关注和支持，如果能够聚合力量，形成"团队"，必将赢得上司的高度重视；

二是帮助同事提升创收能力，是一种同事间的情感投资，是建立同事信任感和增强自我凝聚力的重要方式；

三是帮助同事提升创收能力，是在实践中不断提升个人上司能力的重要方式和路径。

有舍才有得，有付出才有回报。帮助同事，打造一支能"挣钱"的队伍，形成多人挣钱的格局，我们就能获得多个小团队的支持。随着整个团队影响力的提升，个人的收获将远超预期。

三、打造一支频出"管理人员"的队伍

在个人的职业生涯中，曾碰到过很多上司，也发现两种截然不同的现象。一部分上司，身边总是围满人，遇上什么问题，几个电话就能解决。安排工作，吩咐一声，下属加班加点也会第一时间完成。另一部分人呢？门庭冷落，做什么事都施展不开，总会碰到这样那样的问题。

为什么呢？

两个字：人脉关系！

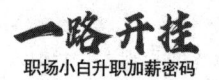

对于职场人士来说，我们要晋升，不仅需要建立自己外部的人脉圈子，更加需要的是内部人脉的支撑。

不妨来看几个简单的问题：

一个人的力量大还是一个团队的合力大？

一个团队的力量大还是多个团队的合力大？

一个部门的力量大还是多个部门的合力大？

如果管理到位，效率相同，答案显然是后者。对于一个要在职场上取得进步的人来说，这更是个人成长必须迈上的几个大台阶。

能够聚集一群人形成团队，并能带领团队一起"挣钱"的人，可以胜任组长职务。

能够聚集多个团队，并能带领团队一起"挣钱"的人，可以胜任部门领导。

能够聚集多个部门，并能带领团队一起"挣钱"的人，可以胜任公司领导甚至是集团公司决策者。

以"钱"为基，打造一支能出"上司干部"的队伍，就是将自己的人脉不断扩大的过程。

一个心胸开阔的上司，都会懂得一个道理：下属的成就，永远都是个人成败的关键！

第八章 奇货可居，才能把自己卖个"好价钱"

在鲍鱼与燕窝面前，谁愿意花同等价钱买酸菜呢？

已经拥有吃不完的鲍鱼和燕窝，谁还会花同样多的钱去买呢？

……

其实，在企业内外的"人才市场"上，我们就是一件"产品"。我们的升职加薪，就是一个让"客户"付出更高"价钱"采购的过程。如果换一种表述方式来说，我们要在激烈的市场竞争中胜出，首先要做到的，就是能够满足团队、满足上司、满足企业的需求。其次，我们必须在竞争中实现"差异化"，拥有自己的特色和亮点，而且是企业迫切需要的特色和亮点。其三，我们不仅要"非常好用"，还必须"十分好看"，质量过硬、品牌美誉度高，客户买回去特有面子。

如此，我们才能成为人才市场上的"奇货"，成为"客户"争着用升职加薪砸的对象，成为让人垂涎三尺的"香饽饽"。

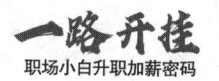

第一节　企业痛点在哪里，你的机会就在哪里

"我已经在公司干了7年，以前的同事，都升职加薪了，我还是老样子。有时候，我在公司上班，自己都感觉丢脸。"

"以前，我觉得别人销售做得好，得到了升职加薪的机会。可是，当我也努力去做销售，提升业绩的时候，发现自己更像是个人去单挑别人勇猛的团队，输得一塌糊涂。再后来，别人说要和上司搞好关系，我也积极融入大家的圈子，一个月的收入甚至还不够请客吃饭，可升职加薪的时候依然没我。我买书、上网学习升职加薪方面的知识，那一条一条的道理成千上万，似乎都有道理，可学了几乎没有大的用处。最终的结果，我想，等我真把那些都做到了，自己已经可以退休养老了……"

问题到底出在什么地方呢？一句话：方向不对，努力白费。如果再补一句，就叫：精准定位，事半功倍！

升职加薪，我们应该成为一件怎样的"产品"呢？

一、团队弱点在哪里，机会就在哪里

一家企业，大型集团可能拥有几万甚至数十万人，微型企业呢？可能只有几个人。

可是，不管企业大小，都有一个共同的特点：团队协作！

在企业里，我们每一个人，都是团队里的一分子。谁能够通过自己的

工作和行为不断提升团队的战斗力，谁就是团队最需要的人。团队可以提升的地方，就是团队的弱点，就是我们的机会。这样的人，就是团队最需要的上司，就是升职加薪的对象。

1. 团队弱点容易成为个人业绩的"闪光点"

每当年底的时候，很多做企业的朋友，都会打个电话给我，邀请我去参加他们的年会。我呢？也很喜欢前往，先去他们公司聊上一会，听他们讲讲公司一年来的变化。

这个时候，企业老板说得最多的，一是公司在哪些方面取得了突破，创造了更好的业绩。其次，就是公司团队和人员，给他带来了哪些惊喜。他嘴里津津乐道的人员，往往不是公司业绩最好的人员，更多是那些把以前亏损或者盈利不多的项目，扭亏为盈或取得快速发展的人，是那些在这个过程中发挥重要作用或作出重要贡献的人。这些人在年终评优中，自然都是关注的焦点。在公司要对职员进行升职加薪时，他们同样是重要对象。

找准团队弱点，作出属于自己的"贡献"，我们身上体现的，是一个人的大局观，是勇挑重担和攻坚克难的精神与能力。我们所做的，不仅是工作，更是帮助企业上司拿掉一块压在心上的石头。

试问，哪家企业，不需要这样的"干将"呢？

反之，如果我们只知道埋头苦干，不知道抓重点、找亮点，不懂巧干，又怎么可能获得上司的青睐呢？

2. 团队弱点是团队形象的"抢分点"

"我的业绩很突出，可每次升职加薪，上司都不给我机会。这样的上司，怎么配做上司呢？这样的公司，我留在这里，又有什么价值呢？"

"我觉得肯定是我们团队的上司把高层得罪了,你看其他团队,每次公司提拔人,都有他们的人,我们呢?一个都没有。"

……

在企业里,我们经常会听到一些关于人事方面的言论,有时候,听多了,甚至觉得还真是那么回事。

可事实呢?错的却是我们自己。

作为公司的高层管理人员,他们分析企业人事相关的问题,首先看的是各个团队的运行情况。他们挑选干部,首先就是从优秀团队里面找人。因为,他们要找的干部,是带团队的干部。

换位思考,如果我们自己挑选带领团队的人才,面对这样的情况,会怎么选择呢?

一边是团队和谐,个人业绩突出的人才,另一边是团队内耗严重,个人业绩突出的人才。

很显然,大家更愿意选和谐团队里的优秀人才。因为,那里少了个人英雄主义的风险,多了良好团队文化氛围的保障。

团队弱点正好是团队形象的"抢分点"。

作为团队中的一员,不管是在团队工作业绩方面,还是在团队工作质量方面,还是团队建设方面,一定要加以高度重视。

我们要时刻关注团队的弱点,把心思和工作放在"补短板、强弱项"上,为团队的形象争分抢分。

一个连自己所在团队都不愿多付出的人,又怎么可能去为更大平台、更多人付出呢?

这样的人,又怎么能提升到上司岗位呢?

找准团队弱点，为我们的团队建设和形象提升添砖加瓦。这既是企业和团队的需求，也是自我价值和能力体现的关键。

3. 团队弱点还是高层上司的"关注点"

一个人要升职加薪，决策权在谁的手上？

我们的顶头上司？不是。因为我们一旦升职，就与顶头上司平级。我们的顶头上司可以有建议权，可以起到帮助和助推作用，但却没有决策权。因此，个人能否得到升职加薪，首先要得到更高层上司的关注。他们的认可与赞扬，就是个人发展的机会。

我们怎样才能得到这种机会呢？

最直接有效的办法，就是让我们所在的团队发生变化，越来越好。因为，没有一个上司不关注下面各个团队的发展情况，团队的弱点，就是高层上司们的一块"心病"。谁能够补强团队短板，提升团队战斗力，就是对上司"心病"最好的医治。

试问，又有谁不关注自己的"医生"呢？

如果我们在进入高层上司的视线后，还能一直保持高效率、高质量的工作模式，在身上展现更多的"闪光点"，何愁没有升职加薪的机会呢？

二、公司的痛点在哪里，机会就在哪里

"我们今年的销售又下滑了10%，再这样下去，我们的市场份额，就要被竞争对手蚕食殆尽了。"

"我们的产品开发出了问题，今年重点打造的几款新品，在市场上的销售情况都不是很好，影响很大。"

"我们公司的营收渠道太单一了，经营风险太大。"

"我们公司的运行成本太高了,影响到了公司的市场竞争力。"

人无远虑,必有近忧。人如此,公司的经营发展同样如此。

作为企业上层人员,每天思考最多的,莫过于企业经营发展的问题以及破解这些问题的方式方法。甚至有很多问题,是他们解决不了的,是关系到企业生死存亡的,也是他们最为焦虑的。

谁能解决这样的问题,谁就能够得到快速升职加薪的机会。

2012年,H公司老板投资打造了几处大型餐饮项目,由于对招商形势的预判出现了重要偏差,导致公司资金链出现严重问题,甚至已经影响到公司其它项目的正常运行。在银行融资、借贷未果的情况下,公司董事长一度因为高血压住进医院,人心浮动,公司陷入破产边缘,危在旦夕。

此时,公司市场营销部的一位小伙子临危不乱,根据项目情况,调整了一套新的方案,并与一家投资公司达成了注资合作意向。

公司在得到注资后,再次活了过来。小伙子呢?很快就被公司晋升为项目运营总监,主持相关工作。

在企业界,这样的案例很多。

作为公司的职员,我们每天要做的不仅是把上司安排的工作做好,更应该主动关注和思考团队、公司的发展,并时刻为提升公司形象、竞争力,为公司健康和快速发展作出更大贡献。

找准公司"痛点",解决公司"痛点",就是这样一种行为。这种行为不仅是企业发展的需求,更是我们不断成长,承担更重担子的重要历练方式。

三、革新升级，满足企业需求的不二法则

任何一款产品，无论款式多么新颖，功能怎么超前，它都必然有着自己的生命周期。它们要保持不败，唯一的办法就是不断进行革新升级，推出1.0版，2.0版，3.0版……

我们职场上的每一个人，对于企业来说，同样只是一件用于满足企业经营和发展"需求"的产品。随着社会需求的变化，技术的革新，以及企业所处的发展阶段不同，企业对"员工"的需求同样有所差异。

这就要求我们每个身处职场的人，必须高度重视企业的发展方向和现状，把握企业对人才"功能、品质、形象"等方面的需求，并不断对自我知识和技能进行革新，成为引领"潮流风尚"的"奇货"。

如此，我们就将不缺升职加薪的机会，在竞争中，长期保持不败甚至最强的竞争优势。

第二节　营销"破圈"，"好价钱"是"卖"出来的

"我们以前在同一个办公室上班，大家的工作能力也差不多。可现在，人家已经成为公司副总经理。我呢？还是一个小主管。"

"我感觉和老板都很熟了，这升职加薪的事，实在有些不好开口。你说这谈得好还行，谈不好，挺伤感情的。"

"当年，我什么都不会，老板给了我进公司上班的机会。今天，我成长起来了，又怎么能离开呢？"

......

关于升职加薪，我们有很多人，都是一种被动态度。这样的方式，在职场上往往非常吃亏，甚至会严重影响到我们个人的职业发展前途。

正确评价自我的价值和贡献，了解"人才市场"上的行情，积极营销，为自己争取机会。如此，我们才能把自己"卖"个好价钱，我们也才有更多不断增值和升职的资本。

一、争取"利益"，任人捏不是"大局观"

很多年前，我在一家珠宝电商企业负责线上产品的宣推工作。当时，电商行业刚刚兴起，相关规范并不完善，假货、次品充斥网络，消费者购买信心严重不足。作为贵金属产品，要在线上取得突破，压力之大可想而知。

不过，大家都有一个共同认识，随着电商的进一步发展和规范，必将成为一条非常重要的销售渠道。谁能够在电商方面闯出一条路，谁就能赢得更大更快发展，快速超越对手。

我是在一个小股东的介绍下进入公司的，公司的大股东是一家在全国都拥有一定知名度的珠宝企业。由于公司处于创业阶段，企业负责人问我，能不能先不要太在意工资，等公司业务上去了，大家再提高。

对于他的提议，我觉得没什么不可以，毕竟，我个人也希望通过这样一个平台和机会，为自己的职业生涯闯出一个新局面。

让我意想不到的，这份职业，我仅仅只干了三个多月。因为，我很快就发现一些很重要的问题。这的确是一家初创的企业，但是，从上到下，大家都没有一个创业者的心态。从负责人开始，就没把心思花在打开局面上，而是把心思花在如何从股东身上得到更多利益。我每天加班加点工作，也出了一定成果，可在工资方面呢？我所领取的工资，只是一份普通员工的工资，甚至比一些普通员工还要低。公司在操作层面，从来没有真正想过要过紧日子，先把工作做好。

当然，这样的公司，也不可能走得太远。我辞职半年后，股东们进行了年底盘点，发现不少问题，最终宣布解散。

在职场上，我们需要有大局意识，需要有主人翁精神。但是，我们一定要高度重视，很多时候，为自己争取利益与大局意识并不矛盾。相反，我们只有获得了更高收益，才有更多钱为自己"充电"，提升自我工作能力和水平，为公司创造更好业绩。

我们要有主人翁意识，但不能把自己当作企业的主人，企业永远都是投资者的企业。我们的主人翁意识，只为更有激情地工作，为创造更好的工作成效而存在。所以，我们要在主人翁意识的基础上，还需要补一句：我们还要拥有一份打工者的心态。也就是说，我们既要让自己干出成果，不断成长，创造更多更大的工作业绩，又要懂得，只有获得更大利益，把自己卖个好价钱，才能在逆水行舟的职场上走得更远。

否则，当企业裁人时，自己就是重点对象。因为，企业的生存和发展，永远都是着眼当下，面向未来。至于曾经的丰功伟绩，都是浮云，只能存在于历史和故事中。

当然，我们要为自己争取利益，必须掌握一个适度原则。我们首先要对自己有一个正确估价，最简单的方式，就是把自己放入人才市场，能够得到怎样一个薪酬待遇。如果我们在企业领取的薪资，已经超过人才市场估价，那就已经非常不错。因为，企业离开我们，随时可以花更低的薪资找到替换的人才。如果我们现实获得的薪资待遇，远低于人才市场的薪资，那就可以找上司沟通，要求给自己提升待遇。

在今天的职场上，有不少职员，总觉得公司的效益好，自己作出了多大贡献等，动不动就要求老板升职加薪。他们中的很多人，所领取的薪水甚至已经远高于同行了。这样的行为，只会引起老板反感，被老板看成不知好歹，从而失去升职加薪的机会。还有一些人，工作能力不强，甚至连岗位工作都不能很好地完成，眼睛却总是盯着其他企业同岗位的高工资，向上司要求加薪，向老板要求加薪，甚至因为没有得到满足而说上司和老板的坏话。这样的人，那就一定离被辞退不远了。

任人捏不是大局观，要懂得为自己争取合理利益。不过，如果不懂进退，向上司和老板漫天要价，那就更是一种愚昧行为。

二、自我"破圈"，忠诚度不是"紧箍咒"

忠诚度是一个优秀的员工的基本素养，也是一个职场人士赢得同事、同行尊重和高度评价的重要因素。不过，这也并非绝对，员工的忠诚度，很多时候也与企业管理层人员息息相关。毕竟，愚忠一词，是"愚"字当头，可以称之为半傻半忠，并不值得提倡。

《孙子兵法·计篇》中说：将听吾计，用之必胜，留之；将不听吾计，用之必败，去之。

结合职场，我们可以这样理解：如果我们已经做好了自己，具备了升职加薪的职业素养、工作能力、业绩等，能得到升职加薪的机会，得到重用，那就留下来创造更好的业绩，实现自己的职业理想。反之，我们就应该趁早离开，跳槽到其他单位。因为，一家不重视人才的企业，算不得好平台。这样的企业，远远承载不了我们远大的职业理想。

对于我们每个职场上的人来说，企业就是一个平台，或者是一片土地。我们就是土地上的一棵树苗。这片土地是否肥沃，阳光雨露是否充足，决定着我们成长的高度。与平台共成长，是我们的最佳选择。但是，如果我们很难得到平台的营养供给，或者平台的营养供给已经满足不了我们的需求，那最好的结果，就是跳出这个平台，把自己移栽他处。

忠诚度不是"紧箍咒"。我们有不少人，总觉得辞职前往更好的企业平台就是不忠于原来的企业，这其实是最大的误解。

"人往高处走，水往低处流。"这是自然法则，一味扼杀，反其道而行，不仅不利于员工成长，更不利于企业壮大。

自我"破圈"，勇于向更高平台挑战，把自己卖个更好价钱，不仅有利于我们的快速成长，更有利于我们职业愿景实现。毕竟，读万卷书不如行万里路，一个人的眼界开了，目光才能长远。

三、善于"博弈"，送礼物不是"便宜货"

"老板，我觉得你该给我升职加薪了。"

"为什么呢？"

"我已经在公司工作3年多了，每次都是看别人升职加薪，你一次都没有给我加过。"

"我们公司还有十多年的员工，从来没有升职加薪。"

"我在公司这几年，一直兢兢业业。我的工作质量和效率，比我刚来公司的时候提升了许多，也比同等薪酬的人高上不少。与同行业企业的同岗位人员相比较，我的薪酬也比较低。"

"这个情况，我认为可以给你加薪，但要升职，还是不够。"

"我觉得自己已经具备了带领团队取得更好业绩的能力。一是在贯彻执行公司发展战略和策略方面，我觉得通过几年的熟悉，已经能够做得很好。我升职以后，能够有更多机会与高层沟通，相信可以做得更好。二是在团队工作方面，很多新员工都是在我的指导下成长，并且让他们得到了快速提升。三是在改革创新和提升工作效率方面，我也取得了一定的成效。相信，随着职位的提升，我可以施展的空间更大。"

"好！"老板笑了，说道："我等你来提升职加薪的事，已经半年了。你一直没来。我想告诉你，利益需要自己争取，如果你连自己的利益都不积极争取，我很难相信你会为团队、为公司争取利益。一个不为团队争取利益的上司能算好上司吗？能服众吗！一个不为公司争取利益的管理层人员，能算得上是忠于公司的人吗？可堪大用吗！"

这是我见过的一个真实的故事。这位要求老板升职加薪的人，是我一个关系不错的朋友。

升职加薪那天，他请我吃饭，聊起了与老板沟通的事。

我当时告诉他，他很幸运，碰到了一个不错的老板。我说，在很多公司，升职加薪并没有那么容易。

老板所以拿钱出来投资公司，最重要的原因，莫过于赚钱，即通过企业这个平台赚取更多利润。在这个平台上，员工的薪酬待遇是什么？是成本。员工的薪酬待遇提升了，老板所赚取的利润自然就低了。如此，哪个老板会轻易提升员工的薪酬待遇呢？

换句话说，老板要给员工升职加薪，理由只有两个：

一是通过升职加薪，可以激发员工工作热情，创造更多价值，从而让老板获得更多利润。

二是如果不给员工升职加薪，可能就会导致重要的员工流失，从而影响到公司经营，导致业绩下滑，失去更多利润。

天上没有掉馅饼的事，所以，在升职加薪的路上，我们必须做一个善于博弈的员工。

当然，我们的博弈，最好建立在创造更多价值上。

如何博弈？

最佳选择是，时刻做好充分准备，在老板合适的时间，合适地点，选择老板喜欢的方式进行沟通。

如此，可成。

第三节　再多的钱，也买不到自我"热爱"

"我的梦想就是有一天，能实现时间自由，财务自由！"

"我的梦想就是能够安安静静地从事自己的科研，没人打扰，做出自己的科研成果。"

"我的梦想是做自己的艺术……"

职场上，升职加薪是许多人毕生的追求。有些人，甚至会为此不择手段，最终身败名裂。还有一些人，为此付出了生命代价。

可还有些人，他们把个人志趣与工作融合，将工作当作自我人生价值实现的路径和方式。他们工作的本身，就能获得巨大身心满足。这样的人，往往不是成功很难，而是不成功很难！

一、热爱为"驱动","金子"总有发光的地方

许多年前,我在报社做执行副主编,曾接待了两个特殊的来访者。他们一胖一瘦,胖者穿着一套黑色的西装,面色白净。瘦者呢?穿着一件洗得有些变灰的夹克衫,一副不修边幅的样子。

胖子告诉我,他们都是某中学的物理老师。这次到报社,是希望我们能够给瘦子写一篇宣传报道。

他说瘦老师非常热衷于搞小发明,已经拿到200多项发明专利。不过,让人意外的,他不仅没能因为"专利"致富,相反,由于太热爱"搞发明",日子过得一贫如洗。

胖老师说,因为太爱搞发明,这位瘦老师不仅把自己所有的工资都花在了搞发明上,外面还借了不少债。他甚至把学校分的房子租出去,自己另外在外面找了一间月租100多元的小民房。他的房间里,放得最多的就是各种资料、材料和方便面。

瘦老师已经40多岁,一直单身。据说,他年轻时已曾谈过几个女朋友,可都因为受不了他的"发明兴趣",分手了。他呢?不仅没有自我反思,还总觉得女孩子没有眼光。

我问瘦老师:"你搞那么多发明,有那么多专利,都没卖出去吗?"

他说:"卖了呀!还卖了不少。如果没卖出去,我哪有那么多钱搞发明呀!"

他的话让我有些无语,想了想,又道:"你们找报社做推文,是想通过报社宣推一下专利,还是写人呢?"

"我没想找报社,是他非拉着我来!"瘦老师道。

"是这样的。"胖老师白了瘦老师一眼，望着我说："我们是同学，还是从小玩到大的朋友。你看他已经40多岁的人了，每天尽搞些没用的。我拉着他来的意思是，想请报社宣传一下。如果这次宣传有效果，那他就继续搞，如果报纸宣传了都没效果，那就算了，好好干工作，赶紧结婚生子。"

说完，他还拿出一份写好的稿子，问我刊发要不要收费。

我看了看稿子，说不用收费，但需要改一下，还要让摄影记者去他家里拍摄些照片，专利证书等。

让我没有想到的，我们的摄影记者回来，居然满脸怒火。他说跟着两人回到家里，他俩竟然大吵一架。然后，瘦老师就把他赶出了屋子，还说不要我们报社报道他，如果我们报道了，还要追究我们法律责任。他说自己干了十多年记者工作，从没碰到这样的情况。

几年后，由于工作原因，我去到他们学校，竟然碰到了胖老师。我们聊到了瘦老师的情况。

他说瘦老师回去后不久，竟然向学校提出辞职，背着满满一袋专利证书，独自去了深圳。让他没想到的，瘦老师在深圳进了一家研发类企业，还把不少专利卖了钱。一年后，还晋升为研发总监，日子过得不错。

二、事业与生活，原本就是"两条线"

富人说："我最大的梦想，就是再过几年，能去乡下买一片土地，建一栋房子。我会开垦几块地，种上有机蔬菜，自给自足。我每天在鸟语花香中醒来，漫步在乡间小路上，呼吸最清新的空气。"

穷人说："对不起！老板。你这个梦想，我从出生那天就实现了。"

这是好几年前看过的一个小品。小品描绘的，也的确是我们许多人生活愿景的实际。

事业与生活，有交点，能相互影响，但始终是"两条线"。我们许多人追求升职加薪，但其本身并不等于生活得幸福与开心。

我上大学的时候，一位年轻时尚的女教授讲过这样一个故事：

隆冬，清晨，寒风呼啸。她从家里出发，给我们上当天的第一堂课。由于天气太冷，她心里面总憋着一股怨气，觉得这么冷的天气，就不应该太早上课，应该更灵活一些。

穿过一条小巷，快要走出小区的时候，她碰到一对用板车拉煤的夫妻，他们大约三十出头，还带着一个两三岁的孩子。板车上，装了满满一车蜂窝煤。

当时，他们正拉着板车上斜坡。男人在前面，纤夫一般佝偻着腰，艰难地迈动着步子，嘴里吐着白雾。女人呢？在板车后面，双手撑着板车，弓着身子，使劲推着板车。孩子则独自坐在黑黢黢的蜂窝煤上，拿一个白胖胖的馒头，拖着两条长长的鼻涕。

这对夫妻脸上居然没有一点儿怨色，两人边喘气还边开着玩笑，仿佛很幸福很开心。

教授彻底震惊了。为什么？她不断问自己。

她觉得，那对夫妻的日子，对于自己来说，可能一天都过不下去。自己拥有一份还算高大上的工作，可仅仅因为觉得上班时间早了一点，天气冷了一点，就很不开心，为什么呢？

她说她想到了很多，先是白居易先生的《卖炭翁》，想到那句"可怜身上衣正单，心忧炭贱愿天寒。"可觉得不对，因为，那对夫妻的脸上，压根就没有一丝忧色。

她又想到，那对夫妻可能是觉得天气冷了，煤炭好卖了，他们能够赚到更多的钱。可想想还是觉得不对，因为，那夫妻二人，压根就没聊到卖煤炭的事。

生活的态度，或者说生活的心态。

最终，教授把夫妻二人的"幸福与开心"锁定在心态上。

一个人生活得是否幸福，其实与钱多钱少没有必然联系，与个人职位和身份的高低，也没有必然的联系。我们不会看见一个富人，因为自己钱很多，每天就过得很开心。我们也不会看见一个职位高的人，因为职位本身，每天就过得非常幸福。

爽朗的笑声，不管是现代化的都市还是贫困的乡村，都会有。愁眉苦脸的神色，不管是成功人士还是普通大众，同样存在。

最后，教授说她从这件事认清了一个道理：人这一生，核心是生活，生活的核心，其实就是幸福与快乐。事业呢？我们最多只能看作生活的一部分。我们工作，我们追求事业，一定要以"幸福和快乐"为出发点和落脚点。当我们通过工作和事业，让自己生活得更幸福更开心，那就是"乐上加乐"。如此，我们才算懂得生活，才能不负自己一生。

归结为一句话：快乐工作，幸福生活！

我们不管顺境和还是逆境，如此，才算找到人生真正的意义。

三、追求与境界，终点就是"实现自由"

"鞋子合不合脚，只有自己知道。"这句话，每个人都深有体会，将它放入我们的职场，其实就是：生活是脚，工作是鞋，升职加薪是"品牌"。

对于我们任何一个人来说，生活才是根本。我们人生的道路有多长，生活的道路就有多长。工作是鞋，不合适是可以换掉的，鞋最重要的价值不是品牌，它必须先满足我们走路的功能。我们在人生的道路上能走多远，脚上的鞋，是极为关键的影响因素。

有人曾问我："那按照你的意思，一双怎样的鞋才能算好鞋呢？"

"在满足功能上，鞋没有好坏，关键在于合适。我们选择鞋，关键是看我们要走什么样的路。如果想跑，那肯定选择运动鞋。如果是雨天的泥泞路，最好选择雨靴。当然，这里还有个最重要的前提，那就是脚的尺码。"

曾参在《大学》一文中提出"八条目"思想，即："格物、致知、诚意、正心、修身、齐家、治国、平天下"。

仔细领会，这段话告诉我们的，其实有多层意思。第一层意思，说的是我们的修身思想，一个不断进步成长的过程。第二层意思，就是每个阶段都要有自己的定位，也就是"尺码"和要走"什么"路的问题。

我曾有这样一位朋友。

我认识他的时候，他在某集团公司做办公室主任，工作认真负责，经常受到上司表扬，同事的关系也处理得非常好。每天，他都过得开开心心，也经常邀约朋友一起聚会。

可是，有段时间，大家多次邀约他聚会，他竟然一次都没参加。

有了解情况的朋友说："别叫他了，他现在更受重用了，到他们集团旗下D公司去任总经理了，谁都叫不出来。"

"不会吧！意思是受重用了，朋友都不见了？"有人表示疑惑。

"搞不清楚。"那人接着说。

又过了大约半年时间，我见到了这位朋友。让我大吃一惊的，是他并没有大家想象中的意气风发，相反，人显得很憔悴，一副愁眉不展的样子。

我们在一家茶楼坐了一会。他告诉我，说现在情况很糟糕。他说集团派他到D公司去任总经理，本来他也觉得是一份好差事，可没想到，公司的经营管理那么复杂。

这家公司以前的效益其实很不错，总经理升任集团副总，他去补缺。可自从他去了以后，业绩就一直下滑。现在，已经在集团排名垫底。每次开会，他都成了被上司批斗的对象。下面的员工呢？人心浮动厉害，因为业绩不好，年终绩效肯定受影响，大家都觉得是他的责任。他前几天找了集团上司，说想回集团本部工作，可以前办公室主任的职位已经有人了，一时间没有合适的岗位。

我问他是什么原因。他说什么原因都有。一开始，是因为公司下面的一个常务副总，他本来是要在总经理走后升任，集团派他去后，消极怠工，对工作造成了一定影响。原来的总经理呢？也想那位副总升任，所以，公司以前的大客户都没交到他手上。他也去拜访了那些客户，几乎没有效果。他去开发新客户，进展情况并不理想。

公司业绩下滑，员工的薪酬绩效就受影响，顺带而来的麻烦就更多了。一些优秀员工开始辞职，带着客户跳槽去竞争对手公司。留下的员工呢？工作更加消极，服务质量也跟着下滑，客户抱怨不断，公司进入恶性循环。

他说现在感到焦头烂额，只想快点离开。

他的遭遇让我想起一句话：上司岗位是个瓷器活，它不仅需要带领团队、带领企业一路领先，还需要引导下属，在成就下属的基础上，成就自己，走的就是一条"进一步理所应当，退一步万劫不复"的路。

我的这位朋友，显然是穿了一双不合脚的"品牌鞋"，造成自己在前往职业愿景的路上，不仅寸步难行，而且还伤到了自己的脚。

古人说："三百六十行，行行出状元。"

我们每个人的职业前景，并不是只有"升职加薪"一条路。美国著名的汽车推销员乔·吉拉德，连续12年荣登世界吉尼斯纪录大全世界销售第一的宝座，被誉为世界上最伟大的销售员。他没有机会升任更高职位吗？不！他不仅有，而且只要他愿意，估计有无数汽车公司会给他很高很高的职位。他要自己创业当老板，抢着投资的人估计会打破脑袋。但是，他没有，他就做推销员，并通过这份工作，成为全世界知名的传奇人物。

这样的人和事，许多人可能觉得是个案，其实不是。我们随便选个职业，比如教师。我们有很多声名远播的教育专家，他们一辈子立足教师岗位，潜心于教学研究，而不是非要去当教导主任、校长，甚至是教育局局长等等。

谁敢说他们的人生不成功，没有价值和意义呢？相反，如果他们都醉心于权术，可能一辈子泯然于众。

走自己的路，穿一双合脚的鞋，才可能走出一段丰满的人生，走进人生精彩的生活，不负青春，不负自我，造福社会。